一生八制

编著◎王立娜

河南出版集团
中原农民出版社

图书在版编目(CIP)数据

一生八制/王立娜编著. —2版. —郑州 : 中原出版传媒集团,中原农民出版社, 2014.7
ISBN 978-7-5542-0768-0

Ⅰ. ①一… Ⅱ. ①王… Ⅲ. ①成功心理-通俗读物 Ⅳ. ①B848.4-49

中国版本图书馆 CIP 数据核字(2014)第160513号

出版: 中原出版传媒集团　中原农民出版社
(地址:郑州市经五路66号　电话:0371—65751257
邮政编码:450002)
发行单位: 全国新华书店
承印单位: 辉县市伟业印务有限公司
开本: 710mm×1010mm　1/16
印张: 17　**字数:** 215千字
版次: 2014年7月第2版　**印次:** 2014年7月第3次印刷

书号: ISBN 978-7-5542-0768-0　**定价:** 39.00元

前言

中华民族有着悠久的历史，灿烂的文化，经过五千年历史长河的淘洗，积淀了丰富的文化底蕴，为后人留下了取之不尽、用之不竭的宝贵精神财富。打开历史这个案例库，其中有成就大事的宝贵经验，也有一败涂地的惨痛教训。

人生的成功与失败在很大程度上取决于对人生是否有一个正确的把握。精明做人，方圆处世是成功的保证。为人处世是一个很古老的话题，也是一门很高深的学问。人们生活在当今这个社会中，无论是官场、职场、生意场，到处充满了机遇和挑战。每个人都渴望事业成功，家庭美满，人生处处春风得意，万事顺达。然而，在这人际关系越来越复杂的社会里，要想立于不败之地，并且成为一个行走天地间，出入职场里永不落败的胜利者，不通晓为人处世的学问是不行的。

本书全面、系统、详尽地阐述了拥有成功人生必须具备的八大秘术，若能真正掌握其中的精髓，并学以致用，相信你一定会心想事成。

编者真诚希望本书能使你更加透彻地洞悉处世

真谛，为你掌握处世技巧、拥有美好成功的人生提供有益的帮助；使你在为人处世上更加练达，人际关系更加融洽，游刃有余地迎接来自各方面的挑战，进而在各自的领域中取得非凡的成功。

编著者

2007年1月

目 录

制权:事上驭下,运筹权谋

作为一个行走职场的成功人士,既要坚持原则,又要兼顾灵活性。妥善处理好与上下级之间的关系是至关重要的。作为一个优秀的领导者,应当是识人的“伯乐”,称职的“裁缝”,出色的“箍桶匠”。要恰到好处地利用手中堂皇的权力,懂得权变之道,使下属人尽其才,扬长避短,并形成合力,这样的团队对领导意图要心领神会才能在前进的道路中无坚不摧,无往而不胜。

制怒：调整心态，笑对人生

常言说“小不忍则乱大谋”，“心静自然凉”。可见，保持一个正确的心态，是决定人生成功的关键。人生之路布满坎坷艰辛，人生不如意事十有八九，所以要因时、因地、因事而时时调整心态。克制自己的私欲，摒弃自己的邪念，用自己人格的全部力量，经过不懈的努力，就能独享人生成就事业的佳境。

制敌：大胆迎敌，化敌为友

世上万物有生有灭，所以一个人要看开人生，悟透人世。世界上没有永远的朋友，也没有永远的敌人。为了成就大事，为了获取大的利益，人就需要有海纳百川的胸怀。通过努力，在可能的条件下，化敌为友，为我所用，这才是制敌的最高策略和真正境界。

制胜：明确目标，坚定信念

人们无论做什么事情，终极目的就是"制胜"。树立了自己的远大理想和追求的目标，就能产生强大的前进动力。有了必胜的信念，才能增加必胜的信心，才能在前进中克服一个又一个的困难，战胜挫折和失败，最终让理想变成现实，到达成功的彼岸。

制己：方己圆人，中庸处世

人要达到自己的目的，高调处世并不是最佳之道。要善于控制自己的情绪，去善意地感化影响他人。每个人都会有自己的缺陷和弱点，但每一个人都有自己的强项。要克服自己的缺点，学习别人的优点。尊重他人，并不是一味地无原则地退让；学会坚忍和等待，在低调内敛的同时，要蓄积力量；机遇来临之时，勇敢出击，摘取成功的桂冠。

制网：广结人网，理顺关系

人在社会上立足，就要用心编织一张属于自己的关系网。结交志同道合的朋友，多多益善；广聚人脉，才能事事兴旺、顺达。有了丰富的人力资源，万众一心，互相扶持，互相鼓励，在“协同作战”中获取双赢，好朋友多多益善才能成就大事；在激烈的竞争中，才能得心应手，左右逢源。

制奇:勇于创新,出奇制胜

随着时代的快速发展,只有不断更新自己的观念,才能不断适应形势发展的需要。当事业稳定发展,这也是走向下一个成功的关键。要勇于创新,为自己事业的发展多创造机会,无畏前行,取得一个又一个成功。

制机:抓住机遇,主动出击

机不可失,时不再来,机会稍纵即逝。因此,在人生的旅途中要善于抓住机遇,并时时主动出击,进而获得成功。西方有一句俗谚:"通往失败的路上,处处是错失的机会。坐待幸运从前门进来的人,往往忽略了从后窗进入的机会。"机会与我们的成败密切相关。对于时机的把握,完全可以决定一个人在事业上能否有所建树。切不可放弃任何一个机会,哪怕这个机会只有万分之一的可能性。要积极地创造机遇,把握机遇,发现机遇,抓住了机遇,也就抓住了成功。

制权：

事上驭下，运筹权谋

作为一个行走职场的成功人士，既要坚持原则，又要兼顾灵活性。妥善处理好与上下级之间的关系是至关重要的。作为一个优秀的领导者，应当是识人的“伯乐”，称职的“裁缝”，出色的“箍桶匠”。要恰到好处地利用手中堂皇的权力，懂得权变之道，使下属人尽其才，扬长避短，并形成合力，这样的团队对领导意图要心领神会才能在前进的道路中无坚不摧，无往而不胜。

对领导意图要心领神会

任何人都有“难言之隐”，包括平时那些高高在上的人。这个时候就要留心观察，揣摩领导的心意，根据领导的心意行事。

郑武公的夫人武姜生有两子，长子寤生，相貌丑陋，武姜心中深为厌恶；次子名叫段，成人后气宇轩昂，一表人才，武姜疼爱有加。武公在世时武姜多次劝他废长立幼，立段为太子，武公怕引起内乱，就是不答应。

郑武公去世后，寤生继位为国君，也就是郑庄公。封弟段于京邑，国中叫做共叔段。这个共叔段在母亲的怂恿下，竟然率兵叛乱，想夺位，但很快被老谋深算的庄公击败，逃去共国。庄公把合谋叛乱的生身母亲武姜强制送到一个叫城颍的地方囚禁，并发誓说：“不到黄泉，母子永不相见！”意思把他母亲一辈子放在城颍囚禁。

一年之后，郑庄公深感后悔，感觉自己待母亲未免太残酷了点，但又碍于誓言，难以启齿。这时有一个名叫颍考叔的官员看出了庄公的心思，便带了一些野味以贡献为名晋见庄公。庄公赐其共进午餐。颍考叔有意把肉留下，说是要带回去给母亲吃：“小人之母，常吃小人做的饭菜，但从来未尝过国君桌上的饭菜，小人要把这些肉食带回去，让她老人家尝尝。”

庄公听后长叹一声，道：“你有母亲可以孝敬，寡人虽是一国之君，却偏偏难尽一份孝心！”颍考叔明知故问：“主公何出此言？”庄公便把原委细说了一遍，并说自己常常思念母亲，但碍于有誓言在先，不可更改。颍考叔哈哈一笑说：“这有何难！只要掘地见水，在地道中相会，不就是誓言中所说的黄泉见母吗？”庄公大喜，便掘地见水，与母亲相会于地道之中。母子两人皆喜极而泣，随即高唱。儿子唱道：“大隧之中，其乐也融融！”母亲相和道：“大隧之外，其乐也泄泄！”颍考叔因为善解人意，被郑庄公封为大夫。

作为下属，平时要多个心眼儿，熟谙领导的习性并加以揣摩，这样才能正确地理解领导的意图。不然，你在具体执行过程中，找不到正确的方向，与领导的想法完全背道而驰，这样你就惹下麻烦了。

建安二年（197）三月，曹操再次征讨张绣。行军途中，曹操有感于汉末以来战事不断，军纪太坏，老百姓最为困苦，听说有军队到来，无不谈虎色变，逃之夭夭，因此，向各军下达指令：“吾等奉天子明诏，出兵讨伐叛逆，与民除害。方今麦熟之际，但不得已而起兵，大小将校，凡过麦田，但有践踏者，都斩首，军法甚严，尔民勿得惊疑。”

官兵闻知，经过麦田时，无不小心翼翼，都下马以手扶麦，递相传送而过。偏偏只有下命令的曹操骑在马上，欣赏着随风起伏的金黄色的麦田，对这次命令的政治效果，正在得意地暗自估评着。不料马到之处，麦田里突然飞出一只鸠鸟，曹操的坐骑窜入麦田中，践坏一大片麦子。情急之中，曹操脑筋一动，立刻到主簿处请罪。

主簿非常为难地表示：“军令怎么能用在丞相（当时曹操已由献帝授以丞相职位）身上呢？”“我自己下的命令，怎可先不遵守，这样怎么让别人心服呢？”曹操说毕，便作出一副准备自杀的模样。

郭嘉看出曹操的意图，立刻阻拦，并表示说：“古者春秋之义，法不加于尊，丞相统领大军，怎可自戕？”

曹操思索了很久，面带严肃地说：“既然春秋有法，不加于尊，我暂且不执行，但仍以头发代替之。”说完，拔剑割下一绺头发，递与主簿，并传送各军营示众：“丞相践麦，本当斩首号令，今割发以代。”于是，全军上下都毛骨悚然，没有人再敢无视军规了。

将自己的头发割下来丢在地上，表示自己受了髡刑，髡刑是古代剃去头发的一种刑罚。在古代，人们认为身体发肤受之父母，毁伤了就是不孝。所以，割发被列为一种刑罚。曹操的割发，既表示受了髡刑，又有以发代首的意思。

郭嘉善解人意，及时领会了领导的意图，给领导找台阶下。

领导的意图有时不会直白地表达出来，需要下属细心揣摩。原因有很多，有一种情况是，领导碍于面子，不便随意表态，但倾向性意见不难猜测，这时你应该比较乖巧，不能强迫领导明确表态；还有一种情况是，领导需要得力助手帮腔，一个唱红脸，一个唱白脸，这台戏才能演好，这时你就不能附和领导，一个鼻孔出气；还有一种情况是，领导还没有拿定主意，但迫于形势只好应付几句，这时你就得稳重，私下找领导商量，不要草率行事。

[制胜秘法]

与领导相处，最为重要的是那份“心领神会”，形成默契。有些事领导还没说，你就已经做好了，领导当然会对你赞赏有加。凡事等领导发话你才做，便为时已晚，他在心里已经给你打了低分。

领导希望听到下属坚强的承诺

光武帝刘秀刚登基时，群雄割据，天下未定。他任命大将耿弇去讨伐张步。耿弇本是员猛将，有勇无谋，他向刘秀保证完成任务后便领命而去。

当时，张步盘踞剧县（今属山东），以此为都城，派他的弟弟张蓝率精兵两万人在西安县驻守，令各郡太守集合一万多人防守临淄，两地仅相距四十里。

耿弇决定先拿下临淄，这样西安县同剧县间的交通就断绝了，西安县就孤立了，不多时守军一定会弃城逃跑。没有半日，临淄就被攻下了。军队进城后，耿弇约法三章，严禁军队抢掠，说要等张步进犯后再掠夺财物来激怒张步。西安县的张蓝听说后，心生恐惧，就率领军队逃回剧县。

张步言听临淄被攻下，就集合二十万大军，到临淄城东，准备进攻耿弇。

见此情况，耿弇自信地向刘秀报告说，自己采用深挖战壕、避实攻虚、高筑城墙、以逸待劳的方法迎战，十天之内就能献上张步的脑袋。

两军开始交战，难分胜负。耿弇亲自率领精锐部队出城从侧面攻击张步，一鼓作气，大败敌军。其间，有流箭射中了耿弇的大腿，但他毅然用佩刀砍断箭杆继续投入战斗。这时刘秀身在鲁城，听到耿弇受伤的消息后，便马上亲率军队赶往临淄增援。

部将曾劝耿弇，暂时关闭营门，休养士兵，以待皇上增援。耿弇听后，厉声斥责说：“身为臣子的应当杀牛备酒，恭迎皇上，怎么能把贼寇留给皇上去处理呢？”耿弇继续出兵同敌人交战，从早晨一直战到黄昏，把敌人打得落荒而逃。张步哀叹遇到不怕死的人，丢下几千车辎重，仓皇逃回剧县老巢。过了几天，刘秀到达临淄，亲自犒劳军队，大宴群臣。刘秀激动地握住耿弇的手说：“从前，韩信攻破齐国，开创了汉朝基业。今天将军立下奇功，功比韩信！以前你说保证完成任务，我老觉得任务艰巨，还有点儿不敢相信，但现在说明，有志者事竟成啊！”

领导就喜爱这种充满自信、保证完成任务的员工。所以，当员工接受任务时，不管你内心是否认为负担过重或不喜欢这项任务，都要装作非常乐意接受。

《把信送给加西亚》一书为何长久流行，成为许多大公司的员工必读书？就在于这本书中极力提倡一种敬业精神。美西战争时，军官罗文接受了美国总统的任务，去找寻古巴丛林中的加西亚将军，把总统的一封信交给他。加西亚的确切位置在哪儿，没有人知道；这次任务会遇到多少艰难困苦，是不得而知的。但罗文没有向领导提出任何条件，而是坚定地接受了这个任务，义无反顾地出发了。

领导都需要罗文这样的员工。我们来做个试验：你坐在有6名员工的办公室，把其中一名叫来，对他说：“请帮我查一查百科全书，把某某的一生做成一篇摘录。”你一定希望那个员工爽快地说：“好的。”然后马上去做。

可若是员工提出一个或数个问题：他是何人？何时过世？哪套百科全书？百科全书放在哪儿？这是我的工作吗？为什么不叫小李去？时间要紧不？这便是不讨人喜欢的员工。领导希望听到的是坚定的承诺：一定完成任务。

当然，对这个问题也要灵活地把握。倘若你是一个刚参加工作的低层职员，领导的命令当然要无条件执行。可是，若你是一名中层领导，而你的上司不见得比你高明，怎么办呢？执行他的命令就要随机应变了。

[制胜秘法]

领导喜欢充满自信、保证完成任务的员工，这是通用的道理。在接受任务时，就应该给领导一个满意的承诺：保证完成任务，不要讲任何借口。

异中求同，高效协作

苏联曾研发出米格—25 喷气式战斗机，这架战斗机的许多零部件同当时的美国战斗机相比而言要落后，但因许多设计者考虑了整体性能，所以这一机型在速度、升降应急反应等方面在当时堪称一流。这就是管理学上有名的“米格—25效应”，对于建设一个协调高效的团队很有启发意义。

从一种层面上来讲，一个会用人的领导，能知人善任，他是一个出色的箍桶匠，能够扬每一位下属之长，避其所短，使他们形成合力，这样整个团队就是高效率的团队。三个臭皮匠，顶上一个诸葛亮。

在历史上，作为军事统帅的曹操在辨才用人之处，可以说高出孔明。他手下谋士云集，战将林立。任何一次战役，不论守关或是夺寨，曹操一般能够做到择人任势，调度合理。这就非常有利于争取主动，夺取胜利。其中，张辽、乐进、李典三将军守合肥，就是曹操知人善任的典型一例。

建安二十五年（220），曹操西征张鲁，东吴孙权见有机可乘，便率军攻打合肥。镇守合肥的三员大将是李典、张辽、乐进。他们三人按资历、地位、能力、职务，都各有千秋，也正因为这样，所以三人互不服气。在讨论破敌决策时，各执己见。

这时，形势异常紧张，合肥危在旦夕。就在这节骨眼上，曹操派遣护军薛悌从汉中送来一个木匣，里面是曹操对合肥的防御作战的具体计划，指出："若孙权至，张、李二将军出战，乐将军守城。"

曹操的计划，是基于他对三位将军的深刻了解。张辽，文职武职都担任过，有勇有谋，能顾大局；乐进是名猛将，但脾气暴躁；李典，温文柔雅，不爱争功，但难以独当一面。如果让张辽、乐进一同出战，让李典守城的话，两员猛将可能会有争执，而李典恐怕也难当大任。故曹操做出了让张、李出战，乐进守城的安排。最后，在张辽的带动下，三人各负其责，协调一致，大破孙权。

择人任势，知人善任，是一门重要的组织指挥艺术。领导应深知下属做事为人、性格修养等各个方面的特长，才能根据不同的情况灵活地调兵遣将，很好地发挥手下的才能。糊涂的领导常会做出派"黑旋风"到水里同"浪里白条"交手这样的傻事来。这种做法，必然会调遣失度，导致失败。

改革之初，中央有文件指出，要落实知识分子的政策，尊重人才、尊重知识，于是，某些部门一哄而上，把原来的业务骨干提为所在单位的重要领导者。效果不尽如人意，当了"官"的业务骨干陷入烦琐事务、各种迎来送往中，再没有时间、没有充沛的精力投入到业务中去，日子久了，眼看着原来的同行不断开拓提高，而自己的业务水平却一落千丈，真是别有一番滋味在心头。

人才就是生产力。在团队中，有没有人才被闲置，或是被放错了位置？他们是不是正在生闷气，或是准备跳槽？这些问题领导者应当深思。

[制胜秘法]

在一个领导班子中，最好由形形色色的人物组成，有利于互相取长补短，异中求同，科学决策。那种"一色清"的指挥班子，以一人的意见为决定，一人提出方案，大家举手通过，不能进行各种意见的比较和补充，这样形成的决策就容易失误。

从某种意义而言，出色的领导，也应该是一个出色的箍桶匠。

勤工作，多汇报

在古代，交通阻塞，地方官员很少当面汇报工作。下级向上级汇报工作主要靠文书，向朝廷写的报告叫做奏牍。由于见面不便，文字工作尤为重要。

曾国藩就深知其中的道理，奏议是臣子最重要的事，必须谨慎对待，下苦功。很多名臣都是奏牍的高手。我们今天看《古文观止》，当中很多文章都是奏牍文书，也就是汇报材料。贾谊、韩愈、欧阳修、王安石、苏轼、司马光等人都是写汇报材料的高手。

李鸿章入幕后，曾国藩主要让他负责文书工作。这是考验为官者的一项重要素质，训练的是如何同上级打交道。当时只有地方大员才有上奏折的权力，李鸿章虽然也在安徽做过类似的事，但是最多不过是个记名的道员，还没有直接和朝廷对话的资格。曾国藩让他负责起草奏折，一方面是知道他的笔下功底不错，用他比较放心；另一方面也有培养之意，李鸿章以后若要独当一面，这一关必须过硬才行。湘军的头领，无论是左宗棠、胡林翼还是曾国藩，都是这方面的高手，因此有天下奏牍三把手的说法。

咸丰八年（1858）底，湘军李续宾部在三河镇被陈玉成、李秀成全部歼灭，李续宾与曾国藩的弟弟曾国华等400多将领战死，成为湘军一次惨痛损失。事情过后，胡林翼奏陈其事，请求给予优厚的追赠，言词恳切，催人泪下，咸丰帝也被打动了，禁不住涕泪交流，下令追赠李续宾为总督，其两个儿子也都赐予举人出身，并赐银500两。

李续宾虽是湘军悍将，但是却无正式的官衔。这次一个人得到了皇帝这般厚赐，不能不说是胡林翼的奏折起到了关键性作用。为此，胡林翼也深感自豪。他在咸丰九年（1859）正月初一给左宗棠的信中说："天下奏牍只有三把手，而均在洞庭以南。这三个人，名次高下，尚待千秋。自问总不出三名之下。倘其抑志拊心，储精厉学，则不肖尚未可量也。"

胡林翼对自己的奏牍功夫非常自信，将自己与曾、左并列，称天下奏牍三把手，并说自己"尚未可量"，实则有以己为首之意。而左宗棠则说："当今善章奏者三人，我第一。"曾国藩不曾争过第一。根据民国的徐凌霄、徐一士兄弟说，三人各有千秋，曾之雄伟，胡之恳切，左之明畅，都超乎常人，不分先后。但从学问根底而言，"国藩为独优矣"。

曾国藩文章高妙，所以奏牍也非常高妙。据研究，他的奏稿也分不同时期，有明显变化。总的特点是：简洁明快、沉稳老练。但前期的奏稿显得激切、倔强。后期也就是1858

年重新出山以后，特点则变为绵里藏针、缜密细致、平淡质实。1858 年是他仕途变化最显著的一年，经此番风波，他慢慢变得谨慎，奏牍中就能充分体现。

当时能向皇帝请奏是一种特权，体现这个人已得到皇帝的器重。如何利用好这样的机会，就要在奏章上下工夫。曾国藩多次教导手下，在奏牍上一定要谨慎行事。同治元年（1862）正月，曾国藩读了洪亮吉的《上成亲王书》，这个人就因为上了这一奏疏，被发配到新疆。曾国藩读后说，其实也没有什么可以忌讳的地方，饶是如此，还受到这样的灾难，可见奏牍不可不慎啊。

同治五年（1866）十一月，鲍超得到批准向朝廷直接奏事，自以为腾达之日可待，非常高兴。曾国藩却以自己的教训为例，告诫他要谨慎行事。他在信中说："阁下虽可奏事，但须十分谨慎，不可乱说一句。若说得不得体或触圣怒，不让再奏，则反失台端之体面，有负期望。国藩道光末年在京上疏，颇有锋芒，自出京后，在军十四年，所奏之折没有一句话不朴实，无一字不谨慎。即如此次因军务不顺，请开钦差、江督各缺，不是骄傲的时候，而所奏两折两片，亦仍属谨慎，兹特抄寄一阅。自古以来，立大功之人，以谨慎败者少，以傲慢败者多。"

第二年五月，曾国藩又教训了曾国荃一番。曾国荃刚获得单衔奏事权，就弹劾满臣官文，捅了马蜂窝，所以曾国藩反复告诫他写奏稿要非常小心。他说："吾兄弟高爵显官，为天下第一指目之家，总须于奏疏中加意检点，不希望得到什么，希望免除灾难。"

然而也有不听曾国藩劝告而以此致祸之辈，吴汝纶日记中记载："手笔书疏，大臣最宜慎重。武侯之徒李平就出其书疏前后犯错而表上其罪也。汝纶前随曾相在军时，有某帅来，相公戒以书疏不可不留意，最后导致失败。”

我们常说笔杆子好的人会写文章，其实根本的问题还在于有想法、有头脑。领导手下的笔杆子为什么提拔得快？因为他们常在领导身边，站得高，有想法。

在今天的政府机关、企业里面，文字工作依然要紧。工作干得好，还要文书写得好。三分工作加七分宣传，虚的东西是多了点；七分工作加三分宣传，还是必需的。

[制胜秘法]

向上级汇报工作，当说不当说，一定要做到心里有数。表现自己的成绩，不可过分自耀；提出批评与建议，一定要注意分寸。文字是日积月累的事情，要在实践中精进。

不要让优秀的人才撞车

南宋的张浚协助赵鼎管理枢密院，配合相当默契。很多人猜测他们两人会一起担任宰相，只有史馆校勘喻樗说：“他们两人只适合同知枢密院，将来赵鼎退休，张浚就可以代他继续留任。成就事业任用人才，两者关系紧密，那么政令就可以不变地延续下去。若两人同为宰相，万一意见不合而离职，原来的政策必然发生大幅度的变动，那就会是很可悲的事情。”

喻樗的言论很有意思，大有“当局者迷，旁观者清”的味道。无论有多少优秀人才，对于政治或管理组织而言，最后都以领导为中心，其他人必须围绕他进行工作。机关单位里都讲究“一把手”和“二把手”的职责区分，毕竟组织的事务比较复杂，工作量很大，不可能万事躬亲，也不可能让领导层的人员都参与全局性的问题。应该有所安排统筹，各人根据自身特点负责不同的事项，单独决策，才能够达到“人和”的完美效果，自然可以顺利进行工作，避免出现内耗。

张浚与赵鼎都是优秀的人才，不过毕竟年龄上差了十一二岁，若都在枢密院任职，按照正常的交接秩序，双方可以合作愉快，也不会出现意见不合导致摩擦。如果一起担任宰相，因为文官集团的决策权力通常是掌握在一个人手中，双方很可能会产生分歧，而且分散权力，不利于政府本身的运行。贤者应该有自知之明，尽量避免这种尴尬的局面。

这个道理可用“分槽喂马”来打比方。据说大宛马善奔跑，蒙古马能负重。某家刚好养有大宛、蒙古二马，喂则同槽，卧则同厩。但是，相互踢咬，两败俱伤，主人非常烦恼。请伯乐帮忙，伯乐看后，建议分槽喂养。主人从此轻松驾驭二马，家业慢慢兴旺。

领导者在培养骨干与接班人的时候，也要考虑人才的搭配问题。“分槽喂马”，不要让优秀人才撞车，内耗不利于团队的团结与工作效率。

2001年3月，联想集团宣布“神州数码”、“联想电脑”战略进入资本分拆的最后阶段；同年6月，香港有了神州数码。分拆后，联想电脑由杨元庆接过帅旗，继承原品牌，主攻PC、硬件生产销售；神州数码则由郭为领军，另外开创新品牌主营系统集成、代理产品分销、网络产品制造。

到这里，联想接班人问题以皆大欢喜尘埃落定，深孚众望的“双少帅”，一个握有联想现在，一个开往联想未来。以前长期困扰中国企业的接班人问题，在联想老帅柳传志的“世事洞明”中，一笑而过。

李嘉诚也是如此选定家业接班人的。他让沉稳内敛、作风踏实的长子李泽矩做长江实业集团新掌门人；而崇尚自由创新、喜欢作秀的次子李泽楷另创 TOM. COM 事业。

[制胜秘法]

在培养接班人时，同时可以培养很多接班人，让他们在相同的游戏规则下分出高低。如果有两匹以上的赛马难分高下，万万要珍惜，不要轻易把宝马送人，尤其是送给敌人。把跑道划开，一定要明白、清晰、严谨地划开；假如一方受难，另一方可以马上出手相助。

与上级相处要懂得迂回

上级喜欢听话的下属，喜欢那种接到任务后不找理由借口并出色完成任务的下属。但是，倘若你是一名中层领导，负责一个地方或者一个部门的工作，你该怎么面对自己的上级呢？如果上级不知详情、指手画脚、干预太多怎么办？若上级昏庸，教条主义怎么办？这时候，你要懂得迂回，懂得权变，灵活地完成任务。

曾国藩生在晚清，是朝中重臣，他的上级就是昏庸的、以慈禧太后为首的满清贵族了。他一方面靠自己的忠心，消除了朝廷的顾忌，使朝廷敢于向自己放权。另一方面，他尽可能地扩大自己的权势，用实力说话，既使朝廷对其有所顾忌，又不任意妄为。这样，既维护了自己，也避免了兔死狗烹的悲惨结局，保持了国家的安定，避免了政治局面的大动荡。

但是清朝毕竟为满洲贵族的天下，他们重用汉人等，实在是迫不得已，内心深处，仍然有强烈的民族歧视。为了防止曾国藩叛变，朝廷在重用曾国藩、胡林翼等人的同时，也安插了钦差大臣、湖广总督文官僧格林沁等满蒙贵族牵制他们。对此，曾国藩十分清楚。为了消除朝廷的疑忌，太平天国刚刚被镇压下去，他就下令将自己直属的曾国荃部湘军大部分裁撤。当时朝廷也觉得很安全。他们觉得太平天国被消灭了，保存一支自己无法控制的军队，才是最愚蠢的。但是他们根本不知道，除了湘淮两系，清朝其他的力量已经彻底腐朽，难堪重任了。

同治三年（1864），正当曾国藩分期分批裁撤湘军的时候，僧格林沁及其马队被捻军在湖北牵着鼻子走，接连损兵折将。清廷非常无奈，命令曾国藩率军增援湖北。

朝廷的这次调遣，不利于湘军，所以曾国藩的态度也十分消极。首先，攻陷天京以后，清廷咄咄逼人，大有卸磨杀驴之势，曾国藩不得不避其锋芒，以释清廷之忌，为此曾国藩也愁苦万分。其次，僧格林沁骄横刚愎、不谙韬略，向来轻视湘军，如果曾国藩统兵前往作战，势必会形成湘军送死有份、论功行赏无缘的情形。这个时候，曾国藩正处在十分无奈的两难之中，不听从调遣，是不忠；听从调遣，非常不利。公开拒绝不服从，是一个封建臣子难以做到的，而遵命前往，又可能造成毁灭性的结果。百般无奈之中，只好采取拖延之法。

曾国藩明白，僧格林沁大军在黄淮大地上穷追不舍，失败只是早晚的事，他断言："此于兵法，必蹶上将军。"所以，曾国藩按兵不动，静观其变。

果然，高楼寨一战，僧格林沁全军覆灭，这位皇亲国戚竟然死在一个年轻战士手上。经过这一仗，捻军声势更加浩大，他们纵横河南、山东，威逼京津。朝廷不得不急忙再次请出曾国藩，命他办直隶、山东、河南三省军务，所用三省八旗、绿营地方文员武弁都归其节制。两江总督由江苏巡抚李鸿章署理，为曾国藩指挥的淮军、湘军筹办粮饷。

这本是曾国藩意想当中的事情，当接到再次让他披挂出征，以解清廷之围时，他却非常惆怅。在这瞬息万变的政治生涯中，他深知祸福难定。因此，还是采用拖延之法。

在攻陷天京后不到一年，曾国藩经历了诸多政治变故，心灰意冷。当他接到“赴山东剿捻”的旨令时，切实感到“诧叹忧愤”，接下来的几天，他连连接到急如星火的催令，命其统兵北上，然后绕至北面向南逼剿。曾国藩从催令中看出此时清廷的目标在于解救燃眉之急，确保京津安全。这是清廷的一方面的想法而已，而此时曾国藩所面临的出征困难却很大。

湘军经过裁减后，曾国藩不得不仰仗淮军。曾国藩心里明白，淮军出自李鸿章门下，在指挥上很难做到像湘军一样随心所欲。另外，在匆忙之间难以将大队人马集结起来，而且军饷供应也不能迅速筹集。于是，曾国藩针对一个时期里捻军的活动规律，僧格林沁覆灭的经验，以及自己所面临的困难，特向清廷上奏，表示不能迅速出兵。在提出不能迅速出征的三个主要原因后，鉴于僧格林沁“贼流与之俱流”的经验教训，曾国藩认为要以逸待劳。

曾国藩做事向来准备充分，对于清廷只顾解燃眉之急的做法，很难从命。连僧格林沁这位朝廷宠臣，在战马优良、粮饷充足、枪炮齐备的条件下同捻军周旋四年多的时间，尚且落得个全军覆没，本人也战死沙场的结果。而自己势单力薄，孤军深入黄淮平原，难以调度各方；况且，一个时期里，朝廷处处防范，如果继续带兵出征，不知还会惹出多少麻烦。因此，他推辞说："仰恳天恩，另简知兵大员督办北路军务，稍宽臣之责任。臣愿以闲散人员在营效力，不敢置身事外，忘尽瘁之大义。也不敢久绾兵符，自知将致偾事而不预为一区。"曾国藩以"不敢久绾兵符"来向朝廷声明，自己并没有贪恋军权的企图。又说"不敢置身事外"，是说自己责无旁贷。说尽了好听的话，可就是不出山。

尽管他向清廷陈述了不能迅速启程的原因，但视捻军步步北进而不顾，又于心不忍，正在其左右为难拖延了将近 20 天之际，李鸿章派潘鼎新率鼎军十营包括开花炮一营从海上开赴天津，然后转道赴德州、景州，堵住捻军北上之路，以护京师，给曾国藩的准备与出征创造了条件。这样从同治四年五月末让他出征，拖延了将近 20 天后曾国藩才在六月十八日登舟启行，北上"剿捻"。

正是通过拖延的办法，曾国藩才赢得了应付事态的时机，也避免了同朝廷上司的直接冲突，能够进退维谷，在骑虎难下的时候，促使或者等待事态朝有利于自己的方向发展，于万难之中做到了游刃有余。

李鸿章在处理同上级关系时，也颇懂权变之道。

对李鸿章来说，他最大的上级便是慈禧太后，如何得到这位野心家和权力狂的信任，是最重要的。慈禧太后是个彻底的顽固派，李鸿章则是兴办洋务的改革派，怎样协调好关系是十分重要的问题。同治十三年（1874），两宫皇太后谒祖陵的时候，召李鸿章护送，这就给了慈禧太后一个判断李鸿章人品的机会，也给了一个使其得到慈禧欣赏的机会。第二年，围绕着同治帝去世与慈禧发动政变将光绪帝推上帝位发生的一系列事件，给慈禧提供了另一个机会以验证李鸿章的忠诚与能力。由于朝廷中的一些大臣非常反对慈禧让她的外甥继承帝位的计划，慈禧便向担任直隶总督的李鸿章请求帮助，请他率兵进京支持自己的行动。

李鸿章并没有亲自率军进京，而是派了一支淮军，让慈禧的心腹亲信、护军统领荣禄指挥进京，对反对派给予镇压，最终将光绪帝推上了皇位。

李鸿章自己不去，是不愿意参与到最高权力的争夺中，成为别人的牺牲品。但当时手握大权的是慈禧，他不服从命令是不妥的。他把军队交与慈禧的心腹，既表示向慈禧效忠，又避免了深入到权力斗争的核心，就算无法成功，他也可进可退，游刃有余。

政变之后，李鸿章才从天津到北京。四天内，他三次觐见慈禧太后，表达了他对慈禧的尊重与服从。这样，他在慈禧太后心里取得了更高的地位，这也是慈禧放心把很多大事交给他办理的原因。

百日维新之后，慈禧企图废了光绪，另立皇帝，想争取李鸿章的帮助。李鸿章向慈禧太后明确表示："废立之事，臣不与闻。"嘴上拒绝，实际上是不同意慈禧的做法。虽然李鸿章当时已经失势，但在慈禧的心目中，仍然占有无可取代的位置。李鸿章用这种不参与的方式委婉地拒绝了慈禧，在多方面都不支持的情况下，慈禧也不敢贸然行事，这一废立之事也就不了了之。

慈禧对于维新变法的志士采取了大肆屠杀与打击的对策，对此，李鸿章大胆指出"捕新党之谬"，没有明确支持，是暗中设法为一些"新党"开脱，对逃往国外的康有为、梁启超的安危深表关心。但在慈禧太后面前，他无法不对康、梁和其他维新变法的志士故作贬低之词，迂回周旋，以达到保护自己的目的。慈禧太后曾经向他询问康、梁为人如何，李鸿章回答说："康有为、梁启超等人乃书院之书生，应该是井讼师之类人物，无可忧虑。"慈禧太后又问是否有外国人作庇护，李鸿章回答："外国人不知中国之情况，误以为他们是国家志士，故容留他们，然最终当识破其面目，至其时驱赶他们恐其不解其恨。"一面避免牵连自己，一面委婉缓解慈禧太后对康、梁等人的仇恨，减轻对"新党"的镇压。

要懂得与上司周旋。李鸿章从曾国藩那里学到了其中的奥妙，所以才应用自如，做起事来得心应手。

[制胜秘法]

在处理与上级关系时，要懂得权变之道。命令要执行，意图要领会。若自己的主张同上级有分歧，要避免与上级发生正面冲突，要兼顾原则性与灵活性，既办成了自己的事，又能得到上级认可。

为下属护短，主动分担责任

魏扶南大将军司马炎，命征东将军胡遵、征南将军王昶、镇南将军毋丘俭讨伐东吴，同东吴大将军诸葛恪对阵。毋丘俭与王昶听说东征军兵败，就各自潜逃了。

朝廷将惩罚诸将，司马炎说："我不听公休之言，才导致这样，这是我的过错，诸将何罪之有？"

这一年雍州刺史陈泰请示同并州诸将一同征讨胡人，雁门与新兴两地的将士，听说要远离妻子去打胡人，都纷纷造反。司马炎又引咎自责说："这是我的过错不是玄伯之责。"

老百姓听说大将军司马炎能勇于承担责任，敢于承认错误，都非常佩服，都想报效朝廷。司马炎引二败为己过，不但没有降低他的威望，反而使他受到更多的尊敬。

若司马炎讳败推过，将责任推到下边必然不会团结，哪还会有日后的以晋代魏的局面呢？

由于统帅在治理国家、治理军队时严于律己，所以他们在军民心目中有极高的威信，做到了有令必行，有禁必止，军队的士气强盛、战斗力强。

威信，便是威望、信誉，是霸主们必须具有的素质。有威信的霸主，其指令、计划任务容易被下属接受。他的指示、意见使下属信服，他领导的团体就是一部非常完整的机器，能高效、快速地运转起来。否则，决不会有所作为。

树立威信的方法很多，严于律己最为重要。古人云："人非圣贤，孰能无过？"其实圣贤也不一定无过，主要是有勇于承担责任的勇气。

将帅的威信从严于律己中得来，这是非常浅显又深奥的道理。"身不正则令不从，令不从则生变。"对于雄霸天下的人来说，有了这种威信，就有了号令天下的力量源泉。

在一个团体中，你既然是领导，你的下属犯错，就等于你的错，起码你是犯了监督不力或用人不当的错误。

以下推荐几种宽容下属的方式：

在下属偶尔犯错误，懊悔莫及，已经悄悄采取了补救措施没有造成重大后果，性质也不很严重时，就应该假装不知道，以避免损害下属的自尊。一项工作、一项任务完成以后，便要充分肯定下属为此付出的努力，把成绩讲足，客观分析他们的失误，把问题讲明白。这样其工作得到承认，不足也得到指点，便会在以后的工作中扬长避短，提高效率。特别需要注意的是，对那些勤恳工作、超负荷运转与善于创新的下属要格外爱护。一般而言，他们的失误可能多些，他们更需要关心与支持、理解。

在马上要交给下属非常重大任务时，为了让下属放下包袱，放松心情，领导者不要急于结算他过去的过失，可以采取暂不予追究的方法，再给他一次将功补过的机会，甚至可视具体情节的轻重，减免对他的处分。

护短之前，不宜过度张扬，护短之后，也无须把话说得太明白，更不需要主动找下属洽谈，让下属感谢自己，只有一切照旧，最好的办法是若无其事。

当下属在工作中犯了错误，受到责备，处于十分难堪的境地时，作为领导者，不应落井下石，更不要抓替罪羊，而应勇敢地站出来，着实地为下属辩护，主动分担责任。这样做不仅拯救了一个下属，而且还将赢得了更多下属的心。

至关重要的时刻要为下属护短。当下属处于即将晋级、提拔的时候，往往会招致众多的挑剔、苛求和非议。这时候，作为一个正直的领导者，必须站在公正的立场上，奋力挫败嫉贤妒能者压制冒尖的歪风邪气，勇敢保护那些略有瑕疵的优秀人才。

[制胜秘法]

当下属在工作中犯了错误，受到大家责难，处于难堪境地时，领导者要勇敢站出来，实事求是为下属辩护，主动分担责任。

请示上级要把握好分寸

下级的资源与权力都来自上级，要想办好事情，就要得到相应的权力，很多时候，必然有求于上级。把这方面做好，会大大减少办事的阻力，取得很好的效果。

曾国藩的权力是自己在枪林弹雨中换来的，但是如果没有较高明的策略，很可能就是为他人做嫁衣裳。为了保护自己的权力，他在奏折上下足了工夫。当时地方官员和朝廷沟通的主要方式就是上奏折。奏折起源于康熙年间，在雍正朝确立为“密折制度”，成为朝廷控制地方，地方奏报中央的最主要的信息渠道。并不是任何地方官都有直接上奏的权力。一般而言，地方唯有督抚等大吏才有这样的权力。其他官员只能通过督抚代奏。曾国藩办团练以后，并不是地方大员，但是他有着兵部侍郎与团练大臣的头衔，拥有直接上折的权力。因为出山之战失败，他差一点失去了专折奏事的权力，若失去了这个权力，他在地方将是呼天不应，呼地不语，只能受制于人。为此他恳切请求，专门上折终于保住。

奏折的文字千篇一律，看似平淡无奇，但其实却是暗藏玄机。曾国藩是这方面的高手。他知道什么时候说什么，如何去说。在向朝廷有所请求时，小事情可以直说，这样让人觉得坦诚，皇帝也不会因为这点小事轻易驳自己的面子。但是大事情，往往涉及到重大的利益与人际关系，朝廷在选择的时候也会费尽心思。如果直接索要，则显得过于跋扈，甚至还有要挟之嫌，使原本可能成功的事情失败。所以曾国藩在这种问题上，尽量避免正面提出，而是旁敲侧击，让朝廷知道自己的意思，同时也留够了回旋余地。万一朝廷不答应，不会失去面子，朝廷也不会难堪。若朝廷批准，也是其主动的示恩，而非自己强取。这样对双方都有好处。

咸丰七年（1857），曾国藩从困守江西的局面中解脱出来，针对自己的部下很多归属于湖北巡抚胡林翼，他在九江劳师之后，就上了《附陈近日军情请催各省协饷片》折。

在奏折中，他多次强调杨载福、李续宾所统率的湘军，原本是自己的部下，因为受人之急，增援湖北而借调给胡林翼的，如今不但湖北省城武昌已经收回，就连湖北的蕲州、黄州沿江城市也已克复。他虽然没有明确说，但是意思明确，就是要求清廷将李、杨统率的湘军拨还自己节制。尽管他没有说自己是杨载福、李续宾的上级，但在奏片中却为他们请饷、催饷，实事上仍然是以李、杨所部的直接指挥者自居。湘军后来分出很多支派，划分给不同的人统领。但是有一点是最重要的，那就是他是湘军的实际创始人，虽然有的部队已经不归他直接指挥，但是仍然要奉他为精神领袖。

因为湖北省位于中心地带，武汉更为重要，咸丰五年（1855），曾国藩派遣罗泽南从江西分军前往武昌外围增援胡林翼，时隔不久，石达开用兵江西，开辟根据地，曾国藩的湘军一度受到重创，但是他依然顶住了压力，等待胡林翼攻克武昌。罗泽南在战斗中病死，他的手下就归学生李续宾指挥。后来胡林翼终于攻占武昌，增援的任务已经完成，按理也应该归还曾国藩了。

曾国藩上奏时，也抄送了胡林翼。胡林翼一看便知曾国藩的意思，他心领神会，命杨载福、李续宾统率的湘军水陆东下，自己却不随军指挥。曾国藩迅速赶到九江劳师，会晤杨、李，收回了实际的控制权。

尽管曾国藩这个奏折没有写明要求朝廷归还李、杨所部，但是他绕来绕去，已经表明了自己的意思。朝廷为了镇压太平天国，也只好同意李、杨所部仍归曾国藩指挥。

曾国藩在推荐下属的时候，也采取这样的方法。对于普通的州县小官，他就明确说应当任命为什么县的知县，什么州的知州，而对于职位较高的官吏，尤其是巡抚一级的封疆大吏，他从不直接说明，而是非常谨慎。他保举李鸿章的时候，并没有把话说得很明白，而是称其“堪膺封疆之寄”，也就是具备担任封疆大吏的能力。当时的李鸿章还是一个候补道员，直接推荐他担任巡抚，越过了好几级，风险很大。但是在此之前，他已经命令李鸿章编练淮军，也率队东下，救援上海，实际上掌握了江苏地区的大权。这份奏折就是说，让朝廷任命李鸿章为江苏巡抚，处理江苏上海地区的军政事务，实至名归。朝廷顺水推舟地做一个人情，当即调署理巡抚薛焕回京，正式任命李鸿章为江苏巡抚。

[制胜秘法]

请求上级批准某事和授予权限时，必须把握好度。如果是小事，当然可以直接提出自己的要求和想法，请上级批准或授权。若事情涉及重大的利益与人际关系，就要尽量避免正面提出要求，而要旁敲侧击，使上级知道自己的意思，同时也可以提出一些建议供上级参考，不要说过于绝对的话。

对资深下属要尊重

在工作中应与同事处理好关系，良好的人际关系是工作发展的前提。有这样一位职员，工作年限不长，但能力很强，很受领导喜欢，很快被提升为部门主管。但是下属中有位老职员，仗着自己是前辈，以前有功劳，对他不服，让他很难办。遇到这种情况该如何去做呢？

要想改变这种境况，必须明白：每个人都自我感觉良好，认为自己并不比别人差，对别人不服气是正常心理。所以，年轻主管必须遵循一条准则：承认他人的优势，尊重他人的优点，使他人的内心达到平衡。

战国时候的廉颇与蔺相如就曾有这样的矛盾。蔺相如原本是赵国一名宦官的门客，地位不高，因为偶然的机会才为赵王所知，赵王派他带着和氏璧出使秦国，他不辱使命，出色完成了任务。从此以后，他平步青云官路畅通，最后官拜上卿，名字排在廉颇之前。

这下廉颇很不服气了，说："我是赵国的将军，有保卫国家、攻城野战的汗马功劳，可是蔺相如仅仅靠要嘴皮子立了一点功，他的爵位却在我之上。况且，蔺相如出身低微，他原来不过是太监总管手下的一个舍人。我同一个出身低贱的人担任相同的职务，有辱我自己，而且现在还要我做他的下手，真叫人难以忍受。"他对外扬言："我若碰到相如，一定要羞辱他一番。"

蔺相如听到这些话，总是避免与廉颇见面。每次朝会的时候，蔺相如常常假托有病，不愿与廉颇争位次的先后。有一次，蔺相如外出，远远看见廉颇来了，立即把车子掉转方向躲避。

后来蔺相如对自己的门客说："我不是怕廉将军，我是为了国家着想啊。如今强秦之所以不敢发兵来攻打我们赵国，就是因为我与廉将军两人还活着。两虎相斗，必有一伤。我之所以忍辱退让，是因为我首先考虑到国家的忧患与安危，而把个人之间的仇怨摆在次要地位。”

这话传到廉颇的耳朵里，廉颇终是个正直的人，深感惭愧，觉得自已的境界实在太低了，于是真诚地负荆请罪，两人终于和解。

新主管对待老资深，要以敬重的态度对待，若在聚会时，趁机表示敬重之意，真诚地赞美他们为公司做出的贡献。在工作中不懂的事要同他们商量，不能因为对方职位不高或生性老实而不予尊敬，这种人最清楚明白公司的事，听他讲讲公司的历史，对新主管也是有益的。如此一来，年轻主管非但加深了对公司的了解，而且在老员工及众人心中，也留下好的印象。

[制胜秘法]

若职员在晋升之前，和资深下属搞好关系，那么便可免去晋升后的麻烦。比如，表示出你对他的关心，在他需要帮助时，尽力出手，并让他欠你的“人情债”，让他觉得你做主管会更有助于他自身的发展。

最重要的一点是：业务上要胜过他，让他心中服气，让他清楚你的晋升是靠实力，而不是靠关系爬上去的。

对下属某些缺陷要容忍

孟尝君是礼贤下士、广聚人才的“战国四君子”之一，宽容大度，在中国历史上留下了美名。

孟尝君的门客当中，有一个暗恋他的夫人。有人把这事告诉了孟尝君，并说："食君之禄，却爱君之夫人，这个人太混蛋了，阁下何不杀了他？"孟尝君说："悦人之貌，产生爱慕之情，此亦人之常情，不必提起。"

过了一年，孟尝君召来那个爱慕夫人的门客，对他说："你在我处时日也不算短了，一直未能为先生谋求好职位。小职不就，田文又不敢委屈大才，恰好如今的卫君与田文是布衣之交，田文愿替先生准备车马钱币报效卫君。"这个门客去到卫国以后，很受卫君的看重。

后来齐、卫两国关系非常紧张，卫君常常想纠集诸侯进攻齐国。此时那个门客站出来对卫君说："孟尝君不知臣无能，把臣推荐于王。臣曾闻先王之事，过去齐、卫两国君王杀马宰羊，彼此立下盟约：'齐、卫子孙，不得刀兵相向，如果违背誓言出兵攻伐的，下场好像此马此羊！'如今大王约集诸侯，以备攻齐，正是违背先君盟约，同时也欺骗了孟尝君。臣希望大王息怒，不要再计划伐齐的事了！大王听从臣的劝告也好，如若不听，像臣这样不肖的，也会把自己颈项之血溅在您的衣服上！"卫君于是打消了伐齐的念头。

齐人闻此，都赞叹道："孟尝君善于待人处事，因此能够转危为安。"

"海纳百川，有容则大"，没有足够的气量与胸怀，是做不成一个领导者的。容忍下属的某些缺陷也是一种气度，如此才能使下属由衷地尊敬你，才能为你所用。凡是小肚鸡肠、心胸狭窄者，不仅无法具备领导才能反而会同下属搞僵关系、反目成仇。

华人首富李嘉诚做人的气量很大。他谈到自己的成功之道时说："能让利的地方就让利。要使你的合作者得到的比他预想的多，让人坚定合作的信念。"

美国总统林肯也很善于包容别人，对有缺点的人也能包容。1860年，林肯当选为总统。而一向自视甚高的蔡思本来也想入主白宫，却输给了林肯，只能屈居财政部长之位。因此，蔡思一直怀恨在心，非常气愤。不过，他的确有些能耐，在财政预算同宏观调控方面很有一套。林肯一直十分器重他，并通过各种手段尽量减少与他的冲突。

有一天，《纽约时报》主编亨利·雷蒙顿拜访林肯的时候，特地告诉他蔡思正在上蹿下跳，谋求总统之职。林肯以他向有的幽默对雷蒙顿说："亨利，你不是在农村长大的吗？那你一定知道马蝇是什么了。有一次，我与我兄弟在农场里耕地，我吆喝马，他扶犁。偏偏那匹马很懒，老是拖磨时间。但是，有一段时间它却在地里跑得飞快，追都追不上。到了地头，我才发现，有一只非常大的马蝇叮在它的身上，于是我把马蝇打落在地。我的兄弟问我为什么要打掉它，我告诉他，不忍心让马被咬。我的兄弟说：哎呀，正是有那家伙，这匹马才跑得那么快。"然后，林肯非常深邃地对雷蒙顿说："现在刚好有一只名叫'总统欲'的马蝇叮咬蔡思先生，那么，只要它能使蔡思那个部门不停地跑，为什么要将它打落呢？"

[制胜秘法]

这个小故事对管理者用人很有启示。下属在你手下做事，他们的欲求是千差万别的，你要善于把他们团结在一起，一起把事做好。不要轻易打掉那只"欲求"的马蝇，也许他们正是整个团体发展的动力呢。

第一印象很重要

心理学所说的“首因效应”，意思是说第一印象很重要，它往往能定格在脑海。虽说瞬间接触只能认识他人的表面，人最重要的是内在，可是现在这忙碌的时代，人和人会面时间很短暂，一个人的内涵如何充分展示呢？或许你只有一次表现的机会，失掉这次机会就输了。

三国时的张松留给曹操的第一印象就不佳。当时曹操统一北方，声威比吴、蜀要大得多，此时的他志在必得。益州牧刘璋害怕张鲁攻打自己，派张松与曹营说理，希望曹操攻打张鲁，以解自己的危难。

张松这个人聪明、有见识，就是模样惨了点儿，个头儿矮，前额像锄头，鼻塌，头尖，牙齿外露。这副尊容无论谁见了，都不会喜欢。曹操对待张松非常冷淡，而张松挺有个性，还把曹操抢白一番，曹操把他赶出门外。

识人难，用人也难，要用人必须能辨识人才。曹操以知人善任著称，然而这一次他却看走了眼。本来张松私底下绘了益州各处的地图预备献给曹操，曹操的狂妄，让张松改变了主意，后来他把地图给了欣赏他的刘备，使刘备能得三分天下，不然，三国历史会改写。

张松不得志，不仅在于曹操，还在于他自己形象太差，如果他如周瑜那样，仪表堂堂，雄姿勃发，曹操准会把他视为上将。

和他境况类似的是庞统。《三国志》中说庞统被鲁肃推荐于孙权面前，孙权一看这个人“浓眉掀鼻，黑面短髯，形容古怪，心中不悦”，于是非常看不起他。庞统求职失败，便投奔刘备，刘备看他相貌丑陋，也不喜欢他，只是让庞统做个县令，真是大材小用了。

第一印象如果给人稳重、聪明的感觉，下次见面时就算和对方发生激烈的争执，对方会认为这个人对工作认真、投入；若第一印象给人的是穿着随便、散漫、气质差，第二次见面双方发生争执，对方会认为此人固执己见、狂妄自大。

美国心理学家丹尼尔·麦克尼尔曾说过：“外表优秀的人，人们很容易误认为他或她的各方面都很优秀。”

看来，“漂亮者生存”这话有一定道理。据统计，外表漂亮的人收入要比普通人的平均收入水平高。

不过，并不那么绝对，外表普通的人也可以从举止、仪表、谈吐方面给人良好的第一印象。

比如，与人接触时目光要平视对方，显出坚定与热情，目光不要游离不定。

说话声音适度，口齿要清楚；服装要整洁，不要奇装异服过于抢眼；发型必须与头型、脸型、体型相协调；等等。

通过着装、发型、服饰、化妆等方式可以使自己的形象有很大的改变，从而多一些自信。我们要时刻注意，或许精心掩饰的缺陷，别人可能依然感觉很明显。如果别人有意无意提及你的缺陷，就坦然面对，能用幽默的方式化解尴尬会更好，像相声大师马三立曾说：“模样长得惨了点，对不起几位，还让您花钱买票。”他的幽默反而让人觉得他的缺陷也显得可爱。

与人相处，适度地把自己“包装”，等于打出了自己的“产品形象”。他人的青睐，证明你已成功地推销了自己，别人可以了解你，你想从别人那里得到帮助，就会很容易获得。

[制胜秘法]

在仪表、谈吐、举止等方面给人良好的第一印象，会使你在他们心中有很重要的地位，有助于你的事业。赢得第一次，才会有第二次、第三次。

幽默过回“指出”上级的失误

在《资治通鉴》中有这样一个故事：

宋太祖对臣子张思先说过大话：“看你这次为君为国做出这么重大的贡献，我决定让你官拜司徒。”

张思先见许久没有消息下来，可是又不好当面询问，这会让皇帝没有面子，也可能此事就吹了。左思右想，只能幽默一下，来个皆大欢喜。

有一天，张思先特意骑一匹奇瘦之马从太祖面前经过，并惊慌下马向皇帝请安。皇帝问道：“你这匹马为何如此之瘦？没有善待它？”张思先答：“一天三斗。”太祖又问：“吃得这么多，为何还如此之瘦？”张答：“我虽然答应给它一天三斗粮，可是我不给它那么多。”二人大笑不止。

太祖是个聪明人，马上有所领悟。次日，就下旨任命张思先为司徒长史。

《三国志》中也有一件有趣的事：

曹操之子曹植文思敏捷，才华横溢，深得喜爱。因此曹操便想废长子曹丕的世子地位，而改立曹植做世子。这一天，曹操叫来谋士贾诩，让左右都退下，向贾诩说起自己打算废丕立植之意，并问贾诩："你有何意见？"

贾诩心中不同意，可直截了当地否定曹操的心愿，但这样一来会太煞风景。贾诩听完曹操的述说后，沉默不言，也没有回答曹操的询问。曹操见他很久无言，便问道："和你说了半天，可你却不回答我的问题，这是为何？"贾诩慢悠悠地回答说："臣在思索，因而未能及时回答您的问题。"曹操又问："你在想什么事？"

贾诩沉思很久，回答道："我在想刘表父子、袁绍的事呀！"袁绍与刘表都是东汉末年称霸一方的豪强，袁绍因为很喜欢小儿子袁尚，就让他代替了长子袁谭做了世子。袁绍死后，袁谭、袁尚各树一帜，相互斗争，最后都被曹操灭掉了。刘表也同样很喜欢小儿子刘琮，后来便废掉了长子刘琦，让刘琮做了继承人，最终也被曹所灭。贾诩特意点出这两个废长立幼而最终又被曹操攻灭的人来，意在表明废长立幼终不可取，很巧妙地表达了自己的劝谏。

曹操听了贾诩的话，立刻明白了其中的深意，大笑一声，从此再也没有提起过改立世子的事。

上级有失误不是不能批评，要讲究批评的方法。英国大文豪毛姆在其名著《人性枷锁》一书中说过一句亘古名言："身居高位之人，就算请你批评指教，他所真正要的还是赞美。"因为，这是人性所在。所以，你要含蓄、幽默，要让人感悟，而不觉得伤面子，这样才能皆大欢喜。

对于如何批评，管理学家有这样的建议：

1．批评的效益在什么时候都是和被批评者对你的信任成正比关系，不然将适得其反。

2．当犯错的人能有改正的可能，才值得批评，才有批评的价值与意义。

3．要选择批评的时机，要避免含混不清和类似讽刺的言辞，特别不能对他表现出完全置身于外的态度。

4．在批评过程之中要客观求实，一切言词都要公正得体，要留有余地；不要把话说得太满，夸张是大忌。

[制胜秘法]

上级有失误不是不能指出来，但一定要注意方式，要善于用幽默迂回的方法，很巧妙地达到自己的目的。

不得人心事莫为

如今社会，倚仗自己财大气粗与背后有人，肆意妄为，耀武扬威的人有很多。这些人无视游戏规则，有的是犯了众怒，有的是撞上政治的高压线，最后都摔得很惨。人可以有三分狂气，但不要太过，分寸一定要把握好。

袁术出生于显赫家族，他的高祖、太祖、祖父与父亲四代中都有人出任太尉、司徒与司空“三公”之职，他从小就有优越感。“嫡出”的他非常看不起“庶出”的哥哥袁绍，当各路豪杰归于袁绍的时候，他大骂他们有眼无珠，不依附于他这个真正的贵族，却去追随丫鬟的儿子。这种过分的举动激怒了袁绍，两人反目成仇。

袁术想当皇帝想得心急，听说孙坚的手上有传国玉玺，就不顾一切地将孙坚的夫人绑票，让孙坚用玉玺来换回。目的达成，他便确认自己真的要当皇帝了。他手下的谋臣劝他不要称帝，“出头的椽子先烂”，再说取代汉献帝也没有道德基础，他却一意孤行。

当时谁都想当皇帝，但谁也不敢表白自己的皇帝梦，连“挟天子以令诸侯”的曹操都不表态，谁都不愿意做跳梁小丑。当孙权要曹操称帝时，曹操的第一个反应就是，这个娃娃要把我放在火上烤。袁术不管曹操反应怎样，他觉得只要有贵族身份和玉玺作为专利，就可以申报皇帝商标，这实在太一厢情愿了。

袁术生性骄纵，不修法度，他的统治已经使得百姓相食，士兵大都在饥寒交迫中死去，而他则美滋滋地玩着玉玺，品尝着山珍海味，骄傲自得。殊不知，刘备、曹操、孙策、吕布四路人马已经杀向寿春城。一交锋袁术就仓皇而逃，可他仍然悠悠摆着坐北朝南之姿，虽然没有多少人会买他的账，不知是真傻还是假傻。要当统领诸侯的皇帝，就得有雄厚的实力，大抵如同曹操，而有了实力也不一定就当皇帝，要么丢了那个名分，要么也得假意地推辞、谦让，直至无可奈何，才能勉强登基，这是封建社会长期的文化习惯。袁术不懂，看来他离当皇帝的素质相差甚远。

曹操继续讨伐他，袁术这时已经骑虎难下，他知道无法继续在汝南，他只得北上投奔袁绍，此时也不再提人家是“庶出”了。袁绍也还算比较大度，并未帮他，因为那样几乎等于助纣为虐，可也不愿意拒之门外，怕传出去名声不好。很可能有人在说袁术是混蛋的同时，间接说袁绍这个哥哥其实见死不救，做大事的人没有容人之量是举步维艰的。

很不幸，袁术没有如愿，在投奔的路途中，他被尚在曹操手下的刘备击溃，只好先回到淮南。逃到安徽江亭的时候，终于在恐惧与疾病中倒下了。这时的他已经是弹尽粮绝了，回顾三年来的当皇帝生涯，觉得非常失败，原来日子过得还算比较舒服，大家也承认他是贵族，看中他的身份，怎么称帝之后，就被人看成臭狗屎呢？看来他是真傻，不知当皇帝自己太嫩了。这个唱不出“志在千里”的皇帝最后却得了悲惨的结局，临终之前问厨房还有什么吃的，答曰只有麦屑三十斛，他非常想喝蜂蜜，可是到哪里去找？绝望中的他大声惨叫：“袁术至于这样吗？”之后吐血而亡。

袁术之所以败亡，一方面因为他自以为是，目中无人，没有积蓄足够的实力；另一方面是因为他无视当时的游戏规则：谁要胆敢称帝谁就会成为大家都攻击的对象。这两点就注定了袁术的最终结果。

[制胜秘法]

不要在做违背良心事的同时还违背游戏的规则，否则你会输得很惨。袁术自恃是贵族之后，目中无人，为人狂妄，居然自不量力，以致还没有当稳皇帝，便成了众矢之的。

制怒：

调整心态，笑对人生

常言说“小不忍则乱大谋”，“心静自然凉”。可见，保持一个正确的心态，是决定人生成功的关键。人生之路布满坎坷艰辛，人生不如意事十有八九，所以要因时、因地、因事而时时调整心态。克制自己的私欲，摒弃自己的邪念，用自己人格的全部力量，经过不懈的努力，就能独享人生成就事业的佳境。

明里奉承，暗含诤谏

春秋时，晋献公非常喜爱两位妃子，不惜用大量的物力财力，建造极其豪华的九层高台让美人游玩。大臣们极力劝阻，他不予理会，竟粗暴地下令说："谁敢再谏，寡人一箭射死他！"诸大臣仰天叹息道："晋之将亡，我们也没有办法了。"他们既不忍国君害民误国，又没有勇气据理力争，围在宫门外，不知如何是好。这时候，大夫荀息挺身而出，他求见晋献公。晋献公一听还有人敢犯龙颜，当即张弓搭箭，非常生气地等在宫中，只要他一开口劝谏，就把他射死在阶下。荀息拜见晋献公，行过君臣大礼，闭口不谈建造九层高台一事，却轻松愉快地笑着说："臣近日新学得一个小技艺，愿当众献丑一下，以博一笑。"

听说是表演技艺，晋献公怒气全无，好奇地问："你会什么技艺？"荀息说："臣能把12枚棋子堆起来，再往上面垒鸡蛋。""有意思！"晋献公放下弓箭，命侍从取来棋子与鸡蛋，又吩咐宫门外的大臣们同为观看。荀息认真地表演，先把12枚棋子堆起，然后又把鸡蛋排放在上面，慢慢地垒上去。旁边观看的人，担心鸡蛋会掉下来，无不紧张得屏住呼吸。就连晋献公看了摇摇欲坠的垒卵，也紧张地叫道："危险，危险！"荀息又在垒高的鸡蛋上放下一只，然后慢条斯理地说："区区垒卵小技，不算什么，还有比这更加危险的呢！"晋献公问："有什么比这危险，寡人倒想看看。"

荀息见时机已到，就不再表演，立起身子，非常沉痛地说："启禀国君，请让我进几句逆耳忠言，万死不辞！自从您下令建造九层高台，三年未果，国内已经没有男人耕地，女人织布了。国库亏空，邻近的楚国、齐国日渐强盛，倘若举兵侵犯，晋国将依靠什么抵抗呢？国君只知纵情声色，却不知晋国由此国弱民贫，形势同样危若垒卵啊！臣请国君洗心革面，富国强兵，不再浪费国家财力，体恤民生，请国君三思！”说完，荀息泪湿衣襟，众大臣一起跪拜恳求，无不痛心疾首。晋献公见荀息说得有些道理，一片忠心婉转诚恳，这才省悟道：“唉！没想到，寡人的过失竟然到这种地步了！”于是接受了荀息与大臣们的恳求，下令停止建造高台。

再让我们看另外的一个故事，这是通过讽谏来救助同僚的故事。翟璜因直言不讳获罪，任痤就通过讽谏来解救他。

故事发生于战国时期，魏文侯还算个开明的君主，但他也免不了古代帝王的通病——喜欢奉承，厌恶批评。

一天，他与群臣在闲扯，兴致非常高，让众臣议论他人品如何。众臣都连忙奉承，说他是个仁慈厚道圣明的君主，只有翟璜等在一旁不开言。魏文侯觉得煞风景，就直接问翟璜对自己的评价。翟璜说：“话有真假之别，不知圣上想听何种？”

魏文侯知道他要讲不中听的了，又不能说想听假话，只好说：“当然是听真心话。”翟璜果然正色讲道：“您不是一位仁厚的国君。”魏文侯心中已非常生气，却还装作大度地问：“何以见得？”翟璜直言不讳地说：“你攻城得地，不用来分给兄弟，却拿它来封给长子，这能算是一位有仁德的君主吗？”魏文侯一听揭了他的老底非常恼怒，喝令手下人将翟璜赶出去！翟璜起身整衣，泰然自若地走了。魏文侯余怒未消，转头又问刚才没开口的任痤，让他评论自己。任痤笑了笑说：“君上是一位有仁德的君主。”魏文侯很为受用，忙问：“此话怎讲?”任痤不慌不忙地答道：“臣下听说，皇上德才皆备朝中才会有正直的人。刚才翟璜说得那么直，所以我认为皇上是一位有德之君。”魏文侯听了，非常羞愧，听出任痤话中的讽谏之意。他到底是位有手腕的政治家，顺水推舟地说：“对，翟璜是位刚直之臣，像他这样的人在朝辅政，我国才兴盛。刚才寡人是考验一下他的忠诚。”随后，马上派人传回翟璜，拜为上卿。

这种明里奉承、暗含诤谏的方式，历史又称作讽谏。所以我们在平时，也会经常用到这种方式，要用不同的方式去给别人提意见，以达到预期的效果。对人说话一定要考虑到话语将对他产生的作用，要在充分考虑后果的基础上说话。所谓：“良言一句三冬暖，恶语伤人暑日寒。”言语的作用是非常重要的。

[制胜秘法]

对那些权贵之人和长辈，建议在自己说话之前预先考虑。可以设问对方一些最基本的事理，这些设问绝对会得到肯定的答复，当同对方在基本事理上达成共识，取得双方在心理和事理的一致和认同时，再提出自己的见解，这样才能达到预期的目的。

只要快乐，便是成功的人生

严子陵是我国古代非常有名的隐士，浙江会稽余姚人。他原名叫严光，子陵是他的字。严光年轻时就是一位名士，才学与道德都很受人尊敬。当时，严光曾和后来的汉光武帝刘秀一道游学，二人是同窗挚友。

后来，刘秀当了皇帝，成为中兴汉朝的光武帝。严光却隐退江湖。待到朝政稍稍稳定之后，光武帝便想起了这位老同学。因为找不到叫严光的人，所以就命画家画了严光的像，然后派人“按图索骥”，拿着严光的画像到四处去寻访。过了一段时间之后，齐国那个地方有人汇报说：“发现了一个男人，与画像上的那个人长得很像，成天披着一件羊皮衣服在一个湖边钓鱼。”

刘秀听完，怀疑这个钓鱼的人便是严光，于是就派了使者，驾着车，想把他找回来重用。使者三次才请来他，而且此人果然就是严光。刘秀高兴极了，立刻把严光安排在宫内住下，并有专人服侍。

司徒侯霸和严光是老熟人了，听说严光来到朝中，便让自己的下属侯子道拿自己的亲笔信去请严光。侯子道去见严光，严光正在床上躺着，也不起床，就伸手接过侯霸的信，坐在床上读了一遍，然后问侯子道：“君房（侯霸的字叫君房）他平时比较迟钝，现在坐了三公之位，是不是还经常出点小岔子呀?”侯子道说：“曹公现在位极人臣，已经不痴了。”严光又问：“他要你来做什么？嘱咐你什么?”侯子道说：“曹公听说您来了，非常高兴，特别想跟您聊聊天，可是公务繁忙，无法离开。所以想请您晚上亲自去见见他。”严光笑着说：“你说他不痴，可是他教你的这番话还不是痴语吗?天子千里迢迢，派人请我，往返三次我才不得不来。何况曹公还只是人臣，有什么理由见他?”

侯子道请他给自己的主人写封回信，严光说：“我的手不能写字。”然后口授道：“君房足下：位至鼎足，甚善。怀仁辅义天下悦，阿谀顺旨要（腰）领绝。”侯子道嫌这回信太简单了，希望他多添几句。严光说：“这是买菜吗，还要添秤？说清意思就得了嘛！”

侯霸得到严光的回信很生气，第二天一上朝便告了他一状。光武帝听了侯霸告状却只是哈哈大笑，说：“你是旧病复发了！你不能与这种书生一般见识，他这种人就是这一副样子！”侯霸见皇上这样庇护严光，自己也就不好再说什么了。

刘秀劝过侯霸，当时便下令起驾到严光的住处去见严光。

大白天严光仍是卧床不起，更不出迎。光武帝明知严光故态重演，也不把话挑明，只管走进他的卧室，把手伸进被窝，抚摸着他的肚皮说：“好你个严光啊，我好不容易把你请来，难道竟不能得到你一点帮助吗？”

严光依然装睡不应。很久以后，他才张开眼睛看着刘秀说：“以前，帝尧要把自己的皇位让给许由，许由不干；与巢父说到禅让，巢父赶快到河边洗耳朵。士各有志，为什么要为难于我？”光武帝连连叹气道：“子陵啊，子陵！以咱俩之间的交情，我竟然不能使你折节、放下你的臭架子吗？”严光便翻身睡去。刘秀无奈，只好摇着头登车而去了。

又过了几天，光武帝派人把严光请进宫里，两人推杯换盏，叙叙旧，说了几天知心话。

刘秀问严光：“我和以前相比，有何不同？”

严光说：“好像比以前胖了。”

这天晚上，二人抵足而卧，睡在了一个被窝。严光入睡，把脚放在了刘秀的肚子上。第二天，主管天文的太史启奏道：“昨夜有客星冲撞帝星，似乎圣上特别危险。”刘秀听了大笑道：“不妨事，不妨事，那是我的故人严子陵与我共卧而已。”

刘秀封严光为谏议大夫，想把严光留在朝中。但严光不爱为官，终于离开了。身为皇帝的故友，躲到杭州郊外的富春江隐居去了。后来汉光武帝刘秀又曾下诏征严光入宫做官，但都被严光回绝了。严光一直隐居于富春江的家中，80 岁才离世。为了表示对他的崇敬，后人把严光隐居钓鱼的地方命名为“严陵濑”，传说严光钓鱼时蹲坐的那块石头，也被人叫做“严陵钓坛”。

南宋抗金部队中，以岳家军与韩家军战斗力最强，以岳飞与韩世忠功劳最大。岳、韩二人有深厚的友谊。岳飞屈死风波亭，高级将领中只有韩世忠敢去质问秦桧，斥责他“莫须有”三字不能使天下人信服。

尽管如此，韩世忠与岳飞有所差异。岳飞是文武全才；韩世忠斗大的字认不得一箩筐。岳飞不纳姬妾，把别人送给的美女还回，说国仇未报，哪有心思贪恋美色？韩世忠则姬妾成群，最有名的有白夫人、茅夫人、梁夫人、周夫人。岳飞敢于直言进谏，忠烈慷慨，韩世忠则大意中显心思。

当时将帅的权力很大。宋高宗赵构担心他们有夺权之心。韩世忠特意在新淦买了大片田地，表示退休后以此养老。赵构见他购买田地养老，心无大志，便高兴地把这片田地无偿赐给他。

韩世忠解除兵权后，过着完全隐退的生活，甚至连过春节时，也谢绝旧部入门看望。他非常憎恶秦桧，每次见面，拱手问候而已，从不与之亲近，更不谈论国事。为了表示自己对远在北方沦陷区的故乡清凉山的怀念，自号清凉居士。他经常骑只骡子在西湖一带游赏流连，看看风景写写诗歌。就这样，韩世忠在消权后，平安地度过了晚年。

每个人都渴望成功，成功之路却充满艰难险阻，因此，当面对失败的时候，一定要正确对待，不要被失败打倒。人生如梦，当你回过头看时就会发现，其实，事业上的不顺，尤其是仕途上的不顺利都不值一提，真正重要的还是人生的快乐。所以，要正确地看待成败得失，坦然地面对生活。

苏东坡调任密州，修心性乐在其中。宋神宗熙宁七年秋天，苏东坡由杭州通判调去密州知州。我国自古就有“上有天堂，下有苏杭”的说法，北宋时期杭州早已是交通便利、繁华富足的好地方。密州属古鲁地，居处、交通、环境都不如杭州。

东坡说他刚到密州的时候，收成不好，盗贼多，缺粮食，东坡及其家人还时常以菊花、枸杞等野菜作口粮。人们都认为东坡先生过得非常压抑。

谁知东坡在这里生活了一年，脸长胖了，甚至白头发有的也变黑了。这奥妙在哪里呢？东坡说，他很喜欢这里淳厚的风土人情，而这里的官员百姓也都乐于接受他的管理。于是他有闲情自己清扫庭院，整理花园，修理破漏的房屋。在他家园子的北面，有一旧亭台，稍加修补后，他时常登高望远，放任自己的思绪，作无穷遐想。往南面眺望，是马耳山与常山，隐隐约约，若近若远，大概是有隐君子吧！往西望是穆陵关，隐隐约约像城郭一样。向东看是卢山，这里是秦时的隐士卢敖得道成仙的地方，齐桓公、师尚父这些古人似乎都还存在。向北可俯瞰潍水河，想起淮阴侯韩信过去在这里的辉煌业绩，又想到韩信的悲惨命运，难免哀伤。这个亭台既高且安静，夏天凉爽，冬天暖和，一年四季，清晨傍晚，他时常登临这个地方。自己摘园子里的蔬菜瓜果，捕池塘里的鱼儿，酿高粱酒，煮糙米饭吃，真是其乐融融。

[制胜秘法]

人生苦短。苦闷也好，快乐也好，怎么过都是一生。所以，怎样使自己的人生充实而快乐，这不仅是每个人应当考虑的问题，而且也是人类社会一直在研究的问题。从一定意义上说，人生的成败就在于是否充实快乐。如何才能真正快乐，俗话说得好：知足者常乐！现实生活中，太多的欲望让我们烦忧进而生气，甚至愤怒。因此，快乐的人生不但要勇于奋斗，而且还要善于知足。知足就需心态平和，心态平和需要制怒，一生能如此就是快乐的人生。

知足常乐并不是不思进取

范蠡辅佐越王勾践20多年，最终消灭吴国，报了会稽之仇。他因为功绩卓著，被封为“上将军”。范蠡受封之后，想到越王勾践的为人，可以共患难，不可同享福，自己盛名之下是非常危险，不如辞官回乡，于是他便携妻带子辞官而走了。范蠡曾对别人说：“计然的策略有七项，越国只用了五项，就成了强国，以往用他的计策强国，现在我要用他的计策行之于治家。”

计然是晋国的一位公子，姓辛名研，字文子。他游学到越国，结识了范蠡。范蠡向他请教治国大计，言谈中两人成为了要好的朋友。那时越国已沦为吴国的附属国，越王勾践刚刚被吴王释放回国，他始终不忘复仇雪耻，问计然有何良策。计然为越国献了七计。他说：“吴越之战后，越国已元气大伤，若重新富强起来，只有上下同心，艰苦奋斗，同时还要有一定的计划。贵国的情况是12个年头里有6个灾年，6个丰年。掌握了这个规律，丰年时多储备粮食，来补歉年的不足，就不会任意浪费、盲目乐观了，歉年也不会饿死人了。”计然告诉勾践，民以食为天，农业是立国之本，应由国家进行控制，而且国家应该鼓励农业生产。他一口气讲了七条计策，越国执行了五条。10年之后，越国变得国富民强，所以范蠡很佩服计然。齐主离官后，运用计然的理论经营，不久也成了巨富。

范蠡辞官之后，到了齐国，隐姓埋名，自称是鸱夷子皮，意思是“酒囊子的外皮”，这样开始自己的创业历程。齐国是东方的大国，农业与工商业都很发达。范蠡父子在海边以耕种为生，辛勤劳作，共同整治生产，由于同心协力，没有多久，他就积聚了数十万财产。由于他的能力与才干，在齐国很快成了名人。齐人听说范蠡很贤能，很勤劳，便请他出来做卿相，并且送来了相印。但这同他的愿望相违背，他感叹道：“在家能够艰苦奋斗聚集千金，做官则能位至卿相，这一生也没什么好遗憾的了，但是长久受授尊名却是不祥的事情。”于是他奉还相印，并把家产分给了朋友和邻里，自己一家只带了金银珠宝秘密地离开了。

他来到定陶（今山东省淄博），这里是四通八达的商业枢纽，在这里谋生治产是完全可以致富的，于是在这里住下来，自称朱公，人们都称他为陶朱公。他面对新的形势，对自己的治产又做了新的调整。范蠡带领儿子们亲自耕种和牧畜，战胜了各种困难，才获得了庄稼的丰收，六畜的兴旺。他又不失时机地进行商业活动，由于他采取薄利多销的方式，所以买卖做得十分红火。一段时间后，他又积累了数百万的家财。天下人都知道定陶有个陶朱公，富甲天下。

[制胜秘法]

人常说，知足常乐。人要学会知足。但是，知足并不是不思进取，只有把知足同进取结合起来，才会真正的快乐。

保持名节，获誉为天下

于成龙（1617—1684），字北溟，顺治十八年（1661）任广西罗城县知县，开始了为官生涯。

罗城地处龙江、融江之间，溽暑潮湿，流行瘟疫，北方人畏之不愿去；加上二十多年战乱，民不聊生，汉瑶世仇，兵戎时见。亲友劝成龙别去卖命，他却说："古人义不辞难。""此行不以温饱为念，所自信者，天理良心四字而已。"于是变卖部分家产作旅费，昂首上道。

来到罗城，比意料之中更坏。偌大个县城，只有六户常住人口，草房数间。县衙已无大门和院墙，院内杂草丛生，狐兔乱窜，大堂仅草房三间而已。于成龙长途跋涉，染上时疫，仍坚持工作，这一任便是七年。

七年间，他访贫问苦，招顺流亡，禁止县吏兵勇滥杀无辜、盘剥百姓，和群众交朋友，为人民办实事。良民为匪者，多方劝导，都回家种田。亲入瑶寨苗家，解释汉瑶苗友好相处之益，互相仇杀之害。经过多次耐心的教育，全县人口巨增，百姓富庶。因政绩突出，得总督卢兴祖荐举，升任四川合州（今合川）知州。临行，罗城人民欢送"阿爷"一程又一程，一站又一站。

于成龙在合州任职期间，兴利除弊，招抚流民垦荒。只要流民垦荒，政府贷给耕牛、种子，地归垦种者，三年免征赋税。才一个多月，定居户口增多一千，百姓安居乐业，匪盗销声匿迹。

于成龙官运亨通，清廉依旧。康熙十七年（1678）于成龙升任福建按察使，为正三品官，主管一省司法。按常理说，上任途中自有各地府州县官迎送，吃住行也有人代理。于成龙却不搅扰地方官府，坐船而行，自带几大筐萝卜做沿途菜肴。上任后，查监狱中人满为患。细细询问，始知其中几千人都因和抗清的台湾郑经有贸易往来，被看做通匪。于成龙认为朝廷正做招降的工作，这些都是无辜百姓，更不能逼他们造反，便请上面释放他们。在他做社会调查中，知道驻防旗兵大肆劫夺百姓子女做奴婢，导致许多人家妻离子散，人人愤恨。他无权下令放回，只好采取赎买办法，由他出头向四处集资，买回那些人，然后送还其家。

不久，于成龙由按察使转为福建布政使，专管一省的财赋和人事。这布政使是肥缺，有财权与人事任免升降权，不说从中拿回扣，单是接受礼物也可家财万贯了。于成龙在任内严禁贿赂、打击贪赃枉法，年节送礼一概拒收。福建有不少外国商人，常常送这送那，都被他一一谢绝，一律按制度办事。外国商人连声赞叹："走遍世界，没有见过如此清廉的人。"的确，堂堂布政使，居室内两口小锅做饭菜，一个竹箱装朝服，书案上只有文房四宝与书籍，此外别无他物。

康熙二十年进京朝见，康熙帝表扬他为"天下第一清官"。这年冬天升任两江总督，赴任途中，与小儿子租驴车一辆，晚宿便宜小店。到任后，每日粗茶淡饭，生活异常清苦，人称"于青菜"。他儿子也粗布衣裳，从未穿过裘皮衣服。康熙二十三年，于成龙病死于任所，谥号"清端"。

[制胜秘法]

于成龙步入仕途后，一直清正廉洁，爱民如子，他无论官居几品，都能始终如一，这与他淡泊名利的观念有着根本联系。

做人、办事的镜子

隋朝从立国到灭亡仅是昙花一现。它的教训，像一座警钟，长鸣在唐太宗耳畔。贞观初年，太宗和大臣每每论及治国方策，都不忘以隋为鉴，魏征曾向太宗上疏道："百姓像水，可以载舟，也可以覆舟，老百姓是天。治理百姓就像用烂缰绳驾马拉车飞奔一样，难道可以轻率吗？"

魏征常认为不可以这样做，而应行"爱民厚俗"之政。他提出治国理政的根本，就是减少赋税，让老百姓休养生息。

贞观二年（628）时，闹饥荒，民间苦不堪言。三月，太宗命御史大夫杜淹巡视各州县，并拿出御府的金宝布帛，赎出被卖的人。四月，又下诏各地官府，收埋野骨。

贞观四年（630）六月，太宗下令整修洛阳宫。给事中（门下省官员）张玄素上奏极言劝谏，指出这样的作为劳民又伤财；此役不息，就像殷纣、夏桀一样，导致天下动乱。太宗接受了他的进谏，下令罢役。魏征对张玄素的直言敢谏，非常佩服。太宗也知治国就如同治病。魏征一听高兴地说："请陛下谨记于心。"

太宗为秦王时军功显赫，民间称颂其功，有《秦王破阵乐》流传，后经太常所属官署改编为乐舞大曲，在宴会上奏。贞观七年（633）正月，此曲更名为《七德舞》。魏征希望太宗理政以"偃武修文"为宗旨，因而每逢陪侍宴庆时演奏《七德舞》，就不看表演，低头饮酒吃菜。遇到演奏节拍安详舒缓，表示文德普及天下的舞蹈《庆善乐》时就全神贯注，毫不厌倦。魏征就是在平时点点滴滴中来劝谏的。

贞观八年（634），中牟县丞皇甫德参就太宗又下令修洛阳宫上奏道：“修洛阳宫，是劳烦百姓；加收地租，是增重赋敛；民间妇女时尚梳高髻，是受宫中嫔妃宫娥的影响。这会影响国泰民安。”太宗阅后大为不满，怒气冲冲地对宰相房玄龄说：“皇甫德参想要朝廷不役使一个人，不收一斗租，宫女们都剪掉头发，他才觉得满意。我一定治他诽谤之罪。”

未等房玄龄开口，魏征在旁边对太宗说：“西汉时贾谊给文帝上书，有‘可为之痛哭者一，可为之流涕者二’的话。从古至今，臣下上书言政，言词不激切人主便不以为意。狂夫之言，在于圣人选择。臣请求陛下静心考虑皇甫德参的意见。”

太宗立刻醒悟，说道：“你说得对。朕如果问罪于皇甫德参，那么公卿大臣中还有谁再敢上言啊。”便下令奖赏皇甫德参绢帛 20 匹。

贞观十年（636），魏征因患眼疾视力下降，向太宗提出解职的请求。太宗诚恳地表达心意说：“金属含在矿石中没有什么可贵的，一定要经过高明的工匠冶炼锻造，制成器具，人们才珍视它。朕正自比金属，以你为高明工匠，希望你对朕加以锻炼。你虽然多病，但还没有衰老，怎么就要辞职?”魏征请求了几次，太宗都不同意。后来魏征仍坚持，六月，太宗下令：魏征进阶为特进（文散官第二级），依然参与门下省事务，有关朝廷典章制度大事，都要请他参议决定；俸禄、赏赐等待遇，都与职事官一样。

这一年，长孙皇后去世，安葬于昭陵（太宗陵墓，在陕西礼泉，长孙皇后卒，先葬入墓）。长孙皇后是太宗的少年结发之妻，生活俭朴，知书明礼，不干预朝政，贤惠明德，深受太宗敬重。太宗想念死去的长孙皇后，在御苑里筑了一座高楼，以便遥望昭陵。一次，他带魏征登楼，魏征看了一会儿说："我视力不好，看不清。"太宗就指给他看。魏征说："那不是昭陵吗？"太宗说："是呀。"魏征认真地说道："臣以为陛下在望献陵（高祖陵墓，在陕西三原县），如果是昭陵，臣早就看见了。"魏征的话是在暗中讽刺太宗夫妻之情厚，而父子之情薄。太宗聪明，听出话来，心中惭愧，不禁伤心流泪。不几天，太宗下令将这楼拆掉。

贞观十一年（637）正月，太宗命于洛阳西苑修建飞山宫。魏征上疏谏道："隋朝立国三十多年，声威万里四方降服，可是很快崩溃灭亡了，这是隋炀帝的意愿吗？这是因为他恃仗国家富强，不考虑后患，穷奢极欲，使百姓穷困，最终自己被杀身亡，社稷变为废墟。陛下拨乱反正，居安思危，我朝之所以立。应当烧掉华丽的服饰，拆去高大的殿堂，安心居于简陋之宫，这才是最高的仁德。若不愿意废弃旧宫殿，照样居住，不再新造，这是次一等的仁德。如果是不考虑创业的艰难，认为天命可以依恃，扩建新宫室，一心要过奢华的生活，加重百姓的劳役负担，这是万万不可的。以残暴代替残暴，同样会招来祸乱。做事不合法度，后世的人就无可瞻仰。天神愤怒，百姓怨恨，灾害必生。灾害一生，祸乱就相随而至。祸乱既起，国家社稷与自家性命，自然难保。得江山难，失去江山容易，难道不应该时刻警惕于心吗？"

是月，魏征因参与修订《五礼》有功，当封一个儿子为县男（爵位第九等），魏征请求封亡兄之子叔慈。太宗悲叹道："这样做可以激励风俗。"马上同意了魏征的请求。

二月，太宗途经洛阳，经昭仁宫（在今河南宜阳）时，因为供应不周，大发脾气责罚供应的官员。魏征对太宗说："隋炀帝就是因为责罚臣下与百姓不贡献精美食物，还以地方官员进献物品的好坏多少来定赏罚，引起叛乱的。这些陛下都明白？陛下以供应不周谴责官员，臣担心就会有人顺承旨意，进献美食宝物。一旦形成风气，就会弄得民不聊生。唐取代隋，陛下正应该谨慎节约，兢兢业业，怎么能让人因为不够奢华而感到后悔呢？”

太宗听完感到震惊，沉思了一会儿说道：“若不是你，朕何能听到这样的话？朕以前经过这里时，租房而居，买饭而食。今天能有这样的供应，怎能嫌不满足啊！”

三月，太宗在洛阳宫西苑宴会群臣，在积翠地上划船。君臣一起饮酒，喝得兴意酣浓时，作诗抒兴。魏征作了咏西汉的诗，最后写道：“终借叔孙礼，才知皇帝尊。”其中引用了西汉初年的一段故事：刘邦平定天下后，功臣中多是平民出身，不知朝廷礼仪，常在殿堂上吵闹喧哗，饮酒争功，甚至拔剑乱砍殿柱。刘邦让叔孙通制定礼仪，群臣上朝有条有理，不敢再有失礼之举。刘邦高兴地说：“我今天才知道做皇帝的尊贵。”魏征借此来讽谏太宗，不要和群臣饮酒时失了为君之礼。太宗看了诗后说：“魏征总是用仪礼来约束我。”

一天，太宗非常开心，问魏征：“你看近来的政治怎样？”魏征感觉到太宗因为天下太平已久，思想警惕性有所松懈，就回答说：“贞观初年，陛下是主动求谏；几年之后，大臣进谏，还能够愉快地接受；这两年来，是勉强接受意见。”太宗吃惊地问：“你说这话可有根据？”

魏征举例说：“陛下刚登基时，判元律师死罪，孙伏伽进谏，按定律不应判死罪，陛下就把价值百万的兰陵公主园子赏赐予他。有人说赏赐太厚了。陛下说：‘朕即位以来，无有人进谏，所以厚赏。’这是陛下主动求谏。后来柳雄假装在隋朝有任官资历，被人检举，要判死罪，戴胄上奏认为该判徒刑，多次说出理由，最后赦免了柳雄的死罪。那时候陛下对戴胄说：‘大家都像你这样认真守法，就不愁会有滥用刑罚的事。’那时陛下尚能愉快地接受意见。前两年皇甫德参上奏，言语激烈，陛下发怒要治他诽谤之罪，当时陛下听从了我的话，赏给他绸缎，但心中不悦。这就是难于接受意见了。”

太宗感悟而言道：“只有你才会如此说话。人都苦于不知道自己的过错啊。”

七月，天降大雨，谷水、洛水暴涨，洛阳的宫殿与官署大多被冲毁，百姓有六百户被漂没。太宗下诏：“水毁的宫殿，稍加修复，能入住便可。其余的材料，拨给受灾的百姓整修房舍。百官可直言上奏，指出朕的过错。”同时还下令拆掉明德宫与飞山宫的玄圃院，把木料砖瓦赏给灾民。

魏征提醒太宗要亲君子远小人，否则，危亡之祸从天而降。太宗阅后亲自书写诏令嘉奖魏征。当时，上书言政的大臣很多，有些并不好听，太宗心生厌恶，想给予训斥。魏征劝说太宗道：“古代君王建立谤木，借以知道自己的过错。陛下让大臣上书言政，就是谤木的遗风。要真正知道自己的功过就要多方面地听取意见。讲得对，有益朝政；讲错了，并无损朝政。”太宗接受魏征意见，对所有上书的大臣都加以勉励安慰。

太宗曾问群臣：“魏征与诸葛亮相比，哪个好？”中书令岑文本回答：“诸葛亮兼有将相之才，魏征比不上。”太宗说：“魏征遵循仁义之道辅佐朕，希望朕成为尧舜，就是诸葛亮也不能与他相比。”

有一次，太宗又对宰相长孙无忌赞美魏征：“朕即位之初，有人上书说君主应该独揽威权，不该把政务交给群臣；

有的主张炫耀武力，镇服四夷。唯有魏征劝朕停止用兵，广施恩惠，振兴文教，遍布仁德，修文德以安之。朕听了他的话，天下得到安宁，外国的君主都来朝贡。远方国家的使臣经过几道翻译到中国来的，往来不绝。这都是魏征的功劳啊。”

贞观十二年（638）三月，太宗在皇孙生日的宴会上，再次赞扬魏征：“贞观之前，帮朕平定天下，经历艰难，草创基业，功劳当数房玄龄。贞观之后，忠言进谏，改正朕的过失，想得很远的，只有魏征。就是古代的名臣，也不见得比他们更好。”说完，亲手将他使用过的佩刀，赏赐给房玄龄与魏征。

魏征作为唐初的名臣，因为他学识渊博博古通今，对于历朝历代的兴衰成败有非常深刻的认识，初唐之时的民生凋敝使他能更好地发挥才能。他从唐朝的长远利益为出发点，坚持说真心话，也鼓励官员们大胆说真心话，尽管多次惹得唐太宗生气并下不了台，可是他最终总是说服了唐太宗不去做那些对民有害的事情，成功地辅佐了太宗治理天下，为唐的建设立下了不可估量的功劳。

[制胜秘法]

成大事者善于寻找身边的“镜子”照射自己，改正自己。魏征就是唐太宗身边的一面镜子，让唐太宗所做的决策更加合理，所做的事业越来越大。

淡泊明志，心静如水

宋咸平二年（999），枢密使兼侍中，北宋名将武宁军节度使曹彬重病在身，真宗皇帝亲临曹府看望曹彬，亲手为他熬药。

临走时赐金万两。六月，曹彬病逝，真宗又亲临吊丧，失声痛哭，“赠中书令，追封济阳郡王，谥武惠”，并封曹彬夫人为“韩国夫人”，曹彬的七个儿子及其亲族、门客、将佐、亲信等十余人都受到了封赏。八月，宋真宗又下诏让曹彬和宋初名相赵普配飨宋太祖的太庙，一同接受祭祀。作为一员武将，死后能受这样的恩典，实为罕见。曹彬得此荣誉，不但因为他戎马一生，伐南唐、征西蜀、灭北汉，具有杰出的将帅之才，为宋王朝的巩固与发展做出了杰出的贡献，更为重要的是曹彬为将严于责己，宽以待人，谦虚和逊，“不以等威自异”的良将风范为朝野人士所推举。

曹彬（931—999），真定灵寿（今河北灵寿）人。父曹芸，五代时曾任成德军节度都知兵马使。曹彬出身将门，精通武艺，为人诚实谨慎。后周太祖郭威的贵妃张氏，是曹彬的姨母，周太祖受禅登基后，召曹彬隶其义子柴荣帐下供职，晋升为河中军兵马都监，掌管军务。曹彬虽是皇亲国戚，仍是恪尽职守。河中军节度使王仁镐因曹彬是帝戚，对他更加礼遇，非常客气。而曹彬对各位将领彬彬有礼，对待自己的工作兢兢业业。

显德五年（958），周世宗派曹彬作为使者去吴越国。吴越国人私下送给他一些礼物，他一概不受。曹彬完成了使命，便立刻启程返回。吴越国士人用快船追赶曹彬，执意要将礼品送给他，他一再推辞。对方却执意要送，百般无奈后收下，但让手下人做了登记，回到京城后，他把这些馈赠的礼品全部交给朝廷。周世宗见曹彬这样廉洁，感动万分，下诏让曹彬将这些礼物领回。曹彬这才拜谢赏赐，把他们分给众人。

当初，宋太祖赵匡胤未登基时，曾在后周担任殿前都点检，统管朝廷禁卫军，权势很大。曹彬对赵匡胤同其他人一样彬彬有礼，从来不奉承，没有公事决不上门造访，文武大臣们群集宴请，曹彬极少参与。赵匡胤对于曹彬的这种“中立不倚”，不拉关系，不结权贵的作风非常赞赏，由是对曹彬也另眼相看。

赵匡胤黄袍加身后，于建隆二年（961），从平阳把曹彬召回朝廷，对他说：“我以前对你不错，你为何要疏远我？”曹彬顿首谢罪说：“我是周室的近亲，而且管内职，怎么能轻易妄加交结人呢？”赵匡胤听了，非常敬佩他的为人，认为可当重任。此后，赵匡胤对其格外器重。

乾德二年（964）冬，宋太祖下诏讨伐后蜀，令曹彬为都监，与王全斌、刘光毅、王仁赡诸将，率兵六万，分两路攻蜀。曹彬领兵一路破关斩将，蜀军望风而逃，收降了施、开、万、忠、遂等州，攻取了蜀中全部的州县。行军作战一路，军纪严明，秋毫无犯，所至蜀地百姓心悦诚服。宋太祖听到这个消息，特下诏书褒奖曹彬。

不久，两路宋军在成都会师，后蜀主孟昶投降，伐蜀战争取得胜利。王全斌、王仁赡等人觉得大功告成，在成都花天酒地。曹彬屡请还师，王全斌等人不从，结果原蜀将全师雄等不堪欺压，拥兵十万起兵造反。曹彬复和刘光毅率兵平定蜀乱。乾德五年（967），宋太祖命王全斌、曹彬等人还京。王全斌诸将在蜀地多取女子玉帛，满载而归。只有曹彬两袖清风，行囊里只有书与衣服。王全斌等将领在蜀所作所为早有人奏报了朝廷，宋太祖召见王仁赡责问，王仁赡不敢隐瞒，如实上报，最后说："清正廉洁、不负陛下所托唯曹彬一人。"宋太祖见曹彬不负所望，加封他做宣徽南院使、义成军节度使。曹彬入见宋太祖说："征西将士都获罪，只有我一个人受封难以服众。"太祖赵匡胤说："你功劳最大，却不居功自傲；你为人清廉，却从不自夸。这是理应的。"曹彬这才接受了封赏。

曹彬手握兵权，常年领兵在外征战，多次立功。开宝八年（975），平定南唐，太平兴国四年（979），随宋太宗赵光义攻灭北汉，后又北伐辽朝，为北宋统一天下，平定海内建立了巨大的功劳，成为北宋著名的军事将领。官至枢密使、检校太师、侍中、诸军节度、同平章事，位兼将相。位高权重却不自高自大。平定后蜀回京，宋太祖执意询问曹彬在外领兵打仗，所见宋朝的地方官是否称职，曹彬只是引荐随军转运使沈伦，说他为官廉洁谨慎，可当大任。曹彬从不妄自评论他人是非，尤其不曾当着皇帝的面议论别人的过错。

曹彬北征辽朝兵败后，荆湖转运副使、职方员外郎赵昌言曾上疏朝廷，请求将败将曹彬等处以死刑以明法纪。后来赵昌言因事被人弹劾，回京后，皇帝一直未予召见，被弹劾之事不得申辩。曹彬听闻，知道赵昌言被冤，便不计前嫌亲自出面在皇帝面前替他求情，赵昌言这才得以允许进宫"朝谒"，为己申辩。

曹彬虽身为高级将领，时时刻刻为他人设想。他在徐州主持军务时，手下有一小军官犯了军纪，曹彬按军法处置，但曹彬却下令，处罚要过一年后再执行。部下不解其意，曹彬解释说："我听说这个人刚娶媳妇，若此刻行刑，肯定会影响夫妻感情。所以我决定杖刑缓期执行。"体谅下情，曹彬执法严格，部将都为其良好的将德所折服。

曹彬为将注意自己的将德修养，能严于律己，仁敬和厚，宽以待人，位居将相，却不自傲，深得朝廷官吏与社会人士的称颂和赞扬。历史上称他"仁恕清慎，能保功名，守法度，唯彬为宋良将第一"。

[制胜秘法]

自我的关键在于一个"静"字，做官的奥妙在于一个"廉"字。当一个人心静如水时，其心如明镜，明透事理，淡泊处事时才会有悠然自得的情趣，廉洁时就能公平对待人与事。有一句名言就是："淡泊以明志，宁静以致远。"

大智若愚，难得糊涂

"大智若愚，难得糊涂"，是人们高明的处世之道。在与人相处中，只要你懂得装傻，你就并非傻瓜，而是大智若愚。做人切忌恃才自傲，不知饶人。锋芒太露易遭嫉恨，更容易树敌。功高震主不知给多少下属招致杀身之祸。在与人交往时，就要适时"装傻"：不露自己的高明，更不能纠正对方的错误。人际交往，装傻可以为人遮羞，自找台阶；可以故作不知达成幽默，不要反唇相讥；可以假痴装癫迷惑对手。你必须有好演技，才能显得可爱，"疯"得恰到好处。谁不识其真相谁就会被愚弄；谁不能领会大智若愚之神韵，谁就是真正的傻瓜、笨蛋。

“大智若愚，难得糊涂”，“糊涂”之所以“难得”，是因为不糊涂的人，非得糊涂不可。郑板桥中进士后，曾任山东潍县知县。他为人磊落正直，不容邪恶，廉洁奉公，关心民众，这就与当时污浊腐败的官场之风格格不入。郑板桥又是个艺术家，擅长书画兼工诗。论诗提倡“真气”“真意”“真趣”，就这一个“真”字，便使他忍受不了现实中的浊气、腐气和邪气。尽管他的诗作对现实多有揭露，但以他一个“七品”小官的力量，用几首诗、几篇文章，是改变不了世间风气的。面对世间许许多多光怪陆离的社会现象，郑板桥无力改变，只得无奈接受；只好想办法让清醒的自己糊涂一些，免得遭受更大的精神痛苦。然而，郑板桥又偏偏是个极聪明的人，对什么事都看得清清楚楚。他无法糊涂。求糊涂，反而“难得糊涂”，可见这四个字包含着多少感慨、多少叹息、多少沉重、多少忧伤，又有多少不满、多少牢骚在其中！

“难得糊涂”是一种智慧，也寄寓了许多哀痛与沉重。“糊涂”之所以“难得”，还在于它是一种超越。这里的“糊涂”已不再是词语意义上的糊涂了。它是超越了无奈、痛苦、世俗、功利之后，所达到的一种虚静、淡泊的心灵状态。它是一种难得的朴拙和真纯，也是道家“返璞归真”思想的体现。从这个意义上说，“糊涂”就是“拙”，“难得糊涂”就是一种超凡脱俗的超越境界。

因此，“难得糊涂”的智慧，实际上包含着一种韬光养晦的战略。充分运用“清楚之糊涂”的技巧，会有很多意想不到的收获，也不失为保全自己的一种手段。

三国时期的司马懿，是个老谋深算、绝顶聪明的人，却总喜欢装糊涂。

魏明帝死后，幼子齐王曹芳即位。根据明帝遗诏，大将军曹爽、太尉司马懿共同辅政。

起初，曹爽由于司马懿德高望重，又是自己的前辈，每有军国大事，不敢自专，都要由司马懿决断。后来，曹爽为了扩张自己的势力，引荐了一些人为心腹，架空了司马懿。司马懿面对这种情形，一时也无可奈何。自己虽然受明帝遗诏与曹爽共同辅政，但毕竟曹爽是宗室贵族，而自己是远属，太尉兵权又被夺去，做了一个有名无实的太傅，无法与曹爽抗争。此后，司马懿便称病在家，以躲避曹爽的锋芒。

司马懿居家不出，正中曹爽下怀，心病一去，得意忘形。不过，正在放纵欢乐的曹爽也没有忘记司马懿的存在。没过多久，曹爽的心腹李胜出任荆州刺史，曹爽便让他去司马懿处告辞，借机窥探一下司马懿的动静。

司马懿已经知道李胜的真实用意，便让两婢女搀扶着，自己坐在床上。见李胜之后，用手拿衣服，衣服掉在地上，又向婢女示意口渴，婢女送上一碗粥，司马懿喝粥时，粥汁又都顺着口角流到胸前。

看到司马懿如此衰朽不堪，李胜装模作样地哭着说道："方今主上尚幼，天下人都依赖明公，过去人们只听说您重病复发，可是没想到病得这么严重。"这时，司马懿长吁了一口气说："我年老沉疾，危在旦夕。君屈当并州，并州离胡人很近，好自为之，恐怕我们不能再见面了。"

李胜连忙纠正说："我是赴任本州，不是并州。"司马懿又装作昏聩地说："君将要去并州，努力自爱。"这时的李胜，再也顾不得用那些文雅的交际语言了，说："我是去荆州，不是并州。"司马懿这才稍稍地明白过来，说："君还本州做刺史，盛德壮烈，好建功勋，我与你分别以后，恐怕再也见不到面了。”

接着，司马懿又把两个儿子司马师、司马昭叫出来，并让他们与李胜结为朋友，求李胜在他死后多多照顾，说着，司马懿又呜咽起来。其实，马司懿这时身体状况很好，故意装作昏聩的样子来迷惑李胜。李胜是荆州人，所以把到荆州做刺史说作“君还本州”，本、并音近，正好被司马懿钻了空子。

李胜从司马懿家出来，复见曹爽，乐不可支地说：“太傅语言错乱，口不摄杯，指南为北，肯定活不长了。”从此，曹爽不复以司马懿为意，更加肆无忌惮地恣意弄权。岂知这正是司马氏的诡计。

翌年正月，幼主曹芳按惯例到高平陵去祭祀祖先，曹爽兄弟都随驾出行。司马懿立即在城中部署兵马，先占据了武库，控制了都城。随后，屯兵在洛水浮桥，派人向曹爽等送信说：“大将军曹爽背弃顾命，败乱国典，内外专权……天下汹汹，人心危惧。现在皇太后命罢免曹爽兄弟官职，自回家中，不得在外逗留，如果胆敢违抗，便以军法从事。”曹爽兄弟回家之后，司马懿征发民工 800 人，在曹家宅第四围筑高墙，布置人在上面观察曹爽举动。曹爽兄弟不知道司马懿究竟做什么打算，便给司马懿写了封信，说家中没有粮食了，求司马懿接济一些。司马懿接到书信，马上派人送来 100 斛，并且又送了一些肉脯、盐、大豆，曹爽兄弟见司马懿送粮给他，又都欢喜起来，以为自己可以免死了。

曹爽又一次上了司马懿的当。这期间，司马懿在朝中铲除曹爽的党羽，不久，又将曹爽兄弟下狱，以谋反大逆的罪名，诛杀尽净。从而，司马氏与曹氏的权力之争以司马氏的胜利而告终。

司马懿在不利于自己的环境下，采用假痴装癫、装聋作哑的办法，想法蒙蔽对方，从而保护自己，避敌锋芒，以此来达到取胜的目的。

在处世当中，如果你处处表现锋芒，时时显示比别人聪明伶俐；如此一来，只会招忌并受害。锋芒太露，常使人身败名裂，家破人亡。太露锋芒者，会像桌上突起的钉子，容易让人用锤子给敲下来。在三国时期，刘备死后，诸葛亮好像没有大的作为了，不像刘备在世时那样运筹帷幄，满腹经纶，锋芒毕露。在刘备这样的明君手下，诸葛亮是不用担心受猜忌的，而刘备也离不开他，因此，他可以尽力发挥自己的才华，辅助刘备打下江山，三分天下而有其一。刘备死后，阿斗即位。在临死前，刘备当着群臣的面说："如果这小子可以辅助，就好好扶助他；如果他不是当君主的材料，你就自立为君算了。"诸葛亮顿时冒了虚汗，手足无措，哭着跪拜于地说："臣怎么能不竭尽全力，尽忠贞之节，一直到死也不敢怠懈。"说完，叩头流血。刘备再仁义，也不至于把国家让给诸葛亮，他说让诸葛亮为君，怎么知道没有杀他的心思呢？因此，诸葛亮一方面行事谨慎，鞠躬尽瘁；一方面则常年征战在外，以防授人以把柄。而且他锋芒大有收敛，故意显示自己老而无用，以免祸及自身。这是韬晦之计，收敛锋芒是诸葛亮的大聪明。

立身处世，学会"难得糊涂"，你的聪明和智慧才得以体现。糊涂有真假之分，所谓小聪明大糊涂是真糊涂假智慧。而大聪明小糊涂乃假糊涂真智慧。所谓做人难得糊涂，正是大智慧隐藏于难得的糊涂之中。

[制胜秘法]

从人类生存智慧的角度来看，智慧的人从来不会拒绝糊涂。装糊涂更具有与众不同的灵活作用。在漫长的人生中，我们不可能对任何事都睁大眼睛盯着，所以，人们对人生关系重大的事，如事业、品德、个性、情感和为人的态度，都尽量采取尽可能清晰明了的态度；而对于工作、生活等难以一时判明是非、衡量得失的事情，还可以采取宽容的心态加以应对。糊糊涂涂才是真。要知道，万里晴空是美的。既然都是美的，有时我们何不妨糊涂一次，“难得糊涂”，也正是“大智若愚”的境界。因为，大智若愚是一种至高无上的人生境界，也是一种人生谋略。懂得“大智若愚，难得糊涂”的人，才是真正的大智者。

做一朵快乐的“蘑菇”

有一个有趣的“蘑菇定律”，一般比喻年轻的学者。刚入道的人处境很像蘑菇：被置于阴暗的角落（不受重视的部门，或打杂跑腿的工作），浇上一头大粪（无端的指责、批评、代人受过），任其自生自灭（得不到必要的指导与提携）。

相信很多人都有一段“蘑菇”的经历，这不见得很坏，特别是当一切都刚刚开始的时候，当上几天“蘑菇”，让我们更加清楚现实。对一个组织来说，新进的员工都是一张白纸，各方面区别不是很大，所以给员工的酬薪与工作都不会有太大的差别。

贞观年间的名臣马周出身孤贫，历经坎坷，虽然他饱读诗书，毕竟因为社会地位卑微，也不被家乡父老所重视。后来，他谋到了一个教书匠的差事，却不认真讲授，常常在酒楼茶馆之中被地方官屡加谴责。于是他拂袖而去，漫游于汴州、曹州一带，又被一个小县令所羞辱。于是一气之下，直奔长安。

来到京师长安之后，他便投奔于中郎将常何的门下。贞观三年，唐太宗命大臣百僚上书，论朝政之成功，常何是个武官，对于政治上的事情说不出个所以然，这给马周提供了一个大展身手的好机会，于是，他代常何起草了一份奏书，就朝政得失的二十余件事加以评论，分条缕析，引经据典，见地很深。唐太宗一见，非常赞赏，奇怪常何怎么会有这种能力，常何老实回答："这是我的家客马周拟写的。"唐太宗惜才如命，连忙传令召见，一连派出四次使臣来催促。当见到马周之后，非常投机，当即便将他留在了朝廷。常何因引荐得人也受到赏赐。从此，马周官运亨通。

所以，如何度过这段时光，尽可能地从中吸取经验教训，是每个刚踏入社会的年轻人必须面对的问题。

很多年轻人，当他们走出校园时，期望很高，认为自己一开始工作就应该得到重用，并且拿到较高的报酬。他们喜欢在工资上相互攀比，工资似乎成了他们衡量彼此价值的唯一标准。现实中，刚刚踏入社会的年轻人没有工作经验，是无法委以重任的，薪水自然也不可能很高，于是便产生埋怨。

曾经在校园编织的梦想一旦破灭了。没有了信心，没有了热情，工作时总是采取一种消极应付的态度，能少做就少做，能躲避就躲避，敷衍了事。

因此，对他们而言，参加第一份工作时必须消除不现实的幻想，应该明白，没有任何工作是卑微的。

对于初出茅庐的人而言，在做完工作、取得成绩之后，总是希望上司和同事会注意自己，最好还能加上两句赞赏，若遇到挫折或做错某事总觉得有人责怪自己。但每个人都有自己生活的烦恼、繁重的工作，没有人有时间刻意去注意别人。

所以，年轻人应学会圆和，适应社会，不断充电，提升能力，久而久之，你自然会得到上司的青睐。

[制胜秘法]

任何优秀的人才，都是从最基本的“蘑菇”经历起步的。对年轻人的成长来说，就像蚕茧，是羽化前必须经历的一段磨砺。

不惧困难，就能取得成功

真正的英雄往往是不惧困难勇往直前的。被人称为“内圣外王”的完人曾国藩，其受命于危难之间，以一介书生身份为朝廷办了四年的团练，担当了重任，然而，命运好像偏偏同他做对，几次出师不利，险些丧命，可是，他都忍下来了。最后终于成功了。

刘邦在这方面做得一点儿不比曾国藩差，本来自己在沛县起兵时势力就很微弱，应战起初非常不利，何况，还有天下无敌的项羽这样的人物与他做对，他的处境可想而知。

本来，楚怀王曾与多路诸侯约定，先入关者为关中王，刘邦先入关了，可招来的是项羽气势汹汹的问罪，百般无奈的刘邦，只好“鸿门谢罪”才保全了性命，而后又忍辱接受了项羽所封的汉王称号。

刘邦发誓夺得天下，于是，他任用文臣武将，休养生息，一举出关，可是彭城一役，几乎让他全军覆没。项羽的军队锐不可当，杀得汉军片甲不留，汉王刘邦最后也落个孤家寡人，一个人不知何去何从。

人在危难的时候更加思念亲人。这个时候刘邦很担心家中的情况。灵璧离沛县不远，他派十几个人分头去收集失散的部队，自己则只身回沛县看望父亲太公、妻子吕雉与一双年幼的儿女。

刘邦回到丰邑家中，只看见屋门洞开，室内一片狼藉，心中一阵酸痛，他不敢久待，急忙离开。忽然，一辆马车从身后疾驶而来。刘邦吃了一惊，赶紧躲到路旁的树丛里，再仔细一看，驾车的是自己的参乘夏侯婴。他非常高兴，赶紧跳过去拦住。

马车跑了一会儿，却有两个孩子在路旁哭，刘邦很担心是不是自己的一双儿女，车子走近了，果然是自己的一双儿女，赶忙把他们抱上车，重新逃命，此时楚军追得越来越急了，眼看马车速度越来越慢，刘邦一看别无他法，就把两个孩子推下马车，让夏侯婴打马狂奔，夏侯婴一见，赶忙停车，把两个孩子抱上车，复又驾车奔跑，刘邦又把两个孩子推下车，夏侯婴又停住马车，去抱两个孩子，刘邦一见，用剑乱砍，夏侯婴则说：“加上两个孩子也不会影响车子的速度的，你这样更加使马疲劳，如此疲奔，倒不如和来将讲情，或许能有一线生机。”刘邦厚着脸皮跟追来的楚将丁公说了很多好话，丁公是个狂傲无知的小人，果然放了刘邦。就这样刘邦又捡回了一条性命。

在以后的战争中，刘邦屡败屡战，但就是这种失败，造就了刘邦不屈不挠的精神，正是这样，使他击败了西楚霸王，终于登上了天子之位。

由此可见，失败乃成功之母。

[制胜秘法]

脆弱者承受不住挫折和磨难，当挑战来临时，就会退缩，而不是奋进。但是人生之路总不会是一帆风顺的，失败常常相伴。要客观地看待失败，只有经过失败，才能走向成功。

大义之下有宽容

赵匡胤对李煜这个亡国之君并非全没有嫌恶。他愤恨李煜的顽固不化，对他在宋军包围金陵九个月之后才出城投降铭记在心。赵匡胤也看不起李煜的平庸。身居高位却把国家大事全抛于脑后，只知歌舞酒宴，吟花咏月，岂可为君？因为这样，宋太祖才送给他一个饱含着侮辱与讥讽的封号：“违命侯”。

赵匡胤自己不好诗文，对李煜的诗文才华也不放在眼里。有一次，赵匡胤在宴席上问李煜：“听说你在江南好作诗，能否吟唱一首，让朕听听？”李煜想了想，吟出其得意之作《咏扇》中的两句：“揖让丹在手，动摇风满怀。”赵匡胤鄙笑道：

“好一个翰林学士！”在赵匡胤看来，李煜做个舞文弄墨的学士还可以，若为一国之主那就不配了。

像这样的挖苦与嘲讽李煜经常遇到。于是，多愁善感的诗人整日郁闷，再加上亡国之痛的折磨，精神抑郁，愁眉不展，抱怨很多。但赵匡胤没有治罪于他，因为他有过许诺：不加害李煜一门。李煜的获罪被杀是在太宗时代。宋太宗赵光义不像其兄，他看不了李煜的哭丧相，听不了他的怀旧诗，终于在太平兴国三年（978）七夕的那天把他送到了另一个世界，那天正好是他的生日。

李煜和南唐群臣同样都是软弱的，但宋军攻伐南唐却是艰难的。这不仅因为南唐军的顽固抵抗，还因为长江天堑的横绝和金陵城防的坚固。这场战争从开宝七年（974）十月十二日发兵，至次年十一月二十七日金陵城破，经历了近一年零两个月的时间，而为了准备这场战争，则历时三年之久！

在这场战争中，宋太祖赵匡胤是满怀信心的，但在大军远途作战、金陵久攻不克的情况下也想过暂时放弃。那是在开宝八年（975）七月，南方卑湿，士卒多患疾疫，金陵又一时难以攻下，便令曹彬从金陵城下退兵，屯驻广陵，休养士马，从长计议。后因为卢多逊、侯陟等人的极力谏阻，赵匡胤才灭了罢兵的想法。

无论如何，这是赵匡胤战略上的一次失误，诚如侯陟在进谏时所说：“南唐危在旦夕，奈何罢兵？”倘若宋军真的退离金陵城下，将使南唐获得喘息，南唐强硬的主战派张洎很可能整顿兵马，加固城池，甚至主动出击，会给再次攻城带来非常大的麻烦。

顺便再提及一下这个张洎。他是在开宝九年（976）正月随同李煜到开封的。赵匡胤召而责之，问他为何力劝李煜拒降，并出示张洎在金陵被围的时候急召长江上游援兵的蜡丸书，欲治其罪。张洎道："实臣所为也，犬吠非其主，此其一尔，他尚多有，今得死，臣之分也。"一脸正气。赵匡胤很赞赏他敢作敢为的胆气，说："有胆量，不治你的罪。今之事我，无替昔日之忠也。"遂拜官太子中允，一年后，到刑部。张洎在太宗朝官至给事中，参知政事，和寇准同列。当然，这是后话。

此次攻南唐，主帅曹彬功不可没。曹彬初统大军。宋太祖曾向曹彬承诺："俟克李煜，当以卿为使相。"副帅潘美得知此事，提前祝贺曹彬。曹彬道："不是这样的。夫是行也，仗天威，遵庙谟，乃能成事，我有什么功劳，况使相极品乎?"潘美追问其故，曹彬道出原委："太原未平尔。"从这段对话可以看出，曹彬心里惦记着大功未告成。曹彬从金陵凯旋后，赵匡胤记起了自己的承诺，对曹彬说："本授卿使相，然刘继元未平，姑少待之。"赵匡胤的意思是，宰相品位已极，如果让曹彬居相位，则不肯力战。当时潘美也在侧，听太祖此言，忍不住视曹彬而笑，宋太祖追问其故，潘美如实以对，赵匡胤乃赐曹彬钱20万，暂未授其相印。曹彬回到家中，见布钱满屋，叹道："人生何必为使相，当官也是多拿俸禄罢了。"

赵匡胤让曹彬"少待之"，实际上他自己也有所期待，希望曹彬再立新功，最终助他完成统一大业，然后再授曹彬以使相印。不过，赵匡胤并未让曹彬等太久，二月初即擢升曹彬为枢密史、忠武军节度使，枢密使兼领节度使从曹彬始。

后来，曹彬果然为宋灭北汉出了不少的力。那是在宋太宗太平兴国四年（979），宋太宗召诸大臣谋议伐太原，薛居正等大臣反对出兵，曹彬则正确总结了周世宗与赵匡胤征伐太原未果的教训，指出，当今国家兵甲精锐，机不可失，时不再来。曹彬的建议使宋太宗坚定了决心，完成了赵匡胤的未竟事业。

综观曹彬在南唐的表现，赵匡胤可谓用对了人。曹彬忠实执行赵匡胤在发兵前向他秘授的方略，严守军纪，使金陵免遭劫难，有助于矛盾的化解，平息战乱。南唐没有出现像平蜀后那样大的动乱，这也是曹彬的一大功绩。

赵匡胤平南唐首先用人得当，于万军之中选择了曹彬这样的力将；其次作战指导方针英明，符合敌情我情。在战争中，宋军的“浮桥渡江”堪称其战略部署中的得意之笔。自古以来长江上的第一座浮桥和10万大军渡天堑的壮观场面不仅令赵匡胤非常自豪，就是在中国古代战争史上也可重重地写上一笔。此外，对金陵的围而不攻，围点打援，以金陵外围为依托，集中兵力攻打来自长江上游15万朱令赟军也是妙棋一招。朱令赟援军被歼，断了南唐的血脉，此后便只剩下一具残躯了。

征讨南唐之战是赵匡胤统一战争中的最后一仗，作为中国古代杰出的军事家，以非凡的才智为自己的军事生涯写下了最后的篇章。纵跨江淮30余州、物力富盛的江南地区归入大宋版图。从此以后，赵匡胤已实现了他的“先南后北”的战略，基本上实现了统一大业。

赵匡胤统一战争的胜利是民心所向。当时，天下日久分裂，南方诸国赋税繁重，民不聊生，统一、太平是人心所向。后蜀僧人尚可朋有一首《耕田鼓诗》写道：“农舍田头鼓，王孙宴上鼓。击鼓兮皆为鼓，一何乐兮一何苦。上有烈日，下有焦土，愿天公降之以雨，令桑麻熟，仓箱富，不饥不寒，上下一般。”这首诗用平白的语言描述了农民击鼓祈雨与王孙击鼓宴乐的极大反差，真实地道出了蜀地人民的困苦。赵匡胤南伐以救世主自居，声称是“救此一方之民”，实大谬矣，他不过是顺时势民心，在统一的大趋势下完成了一个历史使命而已。

[制胜秘法]

宽容是一种胸襟。平心而论，赵匡胤对李煜还是比较宽容的，他没有杀他，还让他的300口之家迁入汴京开封，生活亦如王侯般。平南唐时，不让曹彬率部过多扰民，反映了赵匡胤统一中原，免除战争给百姓带来的生灵涂炭，做到了大义下的宽容。

能屈能伸是智慧

“能屈能伸”所讲的意思就是能弯曲也能伸直。指的是人在失意或者遭受挫折的时候能够忍耐，这样才能够在得志时大干一番。

“大丈夫能屈能伸”，这句话说的是人在处世的过程当中需要看准时局，把握事情的变化趋势，能够很好地评判形势，而不能够一味勇猛冒进，正所谓好汉不吃眼前亏，当忍的时候就需要忍，知进知退。也就如同行军打仗一样，敌强我弱依然勇往直前，是莽撞，而不是勇敢。那么在这个时候就要你能够做到善于迂回，避其锋芒，只有保存好你自己，才能够有将来一决雌雄的好时机。相对于前者而言，能屈能伸也正是几千年以来中国人很玄妙的处世智慧。

人的一生，无一不跟屈与伸有着极为密切的关系。

在人的一生当中，通常人都会认为屈与伸代表着进与退，“屈”意味失意，“伸”也就意味着得意，这其实是从表面上去理解的。实际上，人生当中的“屈”与“伸”远远没有如此简单。《后汉书·班固传》说：“虽屈伸无常，所因时异。”本质也就是说，人生当中的“屈”与“伸”是应该顺从时势与环境的变化，我们千万不要盲目地来理解。

如同一个人走路，必须要依靠自己的双腿一屈一伸，这样才能够很好地前进。拾取东西得弯腰伸手。对于吃饭而言需要通过手的屈伸才能够把食物送进口中。劳动工作更是由无数屈伸动作组合来完成。这是生存与屈伸的关系。

姜子牙曾经在溪边垂钓的时候遇到了文王，奠定周朝八百年基业；诸葛亮高卧隆中，后来又帮助刘备建立蜀国；韩信忍辱钻胯，才成为兴汉名将；司马迁甘受腐刑，终于完成了《史记》流传千古……所有的这一切都是历史上名人“屈”与“伸”的成功范例。

说到“能屈能伸”这个词，我们不能不提到历史上的两个人物，韩信与张良。

韩信在自己年少的时候过得十分贫穷，然而他却很有志向。有一次在他上街的时候，一个屠夫欺负他说：“你不怕，就拿刀杀我；如果不能，就从我胯下爬过去。”韩信俯身就从屠夫的胯下爬了过去，街上的人都说韩信胆小懦弱而看不起他。后来韩信被刘邦拜为大将，充分施展领兵打仗的军事才能，辅佐刘邦灭秦兴汉，建立了卓越的功勋。当初他为什么会忍受一个屠夫的胯下之辱呢？在胸怀大志的韩信看来，在当时的情况下同一个屠夫争强好胜不仅自己不光彩，同时也是十分不值得的，到最后无论谁胜谁负，对于现实中的他来说都没有任何意义，所谓小不忍则乱大谋，所以他不屑与如此的市井无赖计较。正如韩信后来所说："我在当时并不是害怕他，而是没有道理杀他，如果杀了他，那么也就不会有我的今天了。"

张良在年少时因行刺秦始皇未遂，而被迫流落到下邳。有一天，他在沂水桥上散步的时候，遇到了一位穿着短袍的老人。老头故意把鞋摔到桥下，然后用十分傲慢的态度差使张良道："小子，下去给我捡鞋！"饱经沧桑、心怀大志的张良，对此带有侮辱性的举动，并没有拔拳相向，而是看他为长者之故，到桥下把鞋取了上来并膝跪于前，小心翼翼地帮老人穿好鞋。又经过几次考验，张良的隐忍和谦逊终于得到了老人"孺子可教也"的赞许，并即时赠给他一本书，此书就是《太公兵法》。老人告诉他说："读此书则可为王者师，你用此书就能够兴邦立国。"这位老人就是济北毂城山下的黄石公。从此之后张良日夜诵读，刻苦钻研兵法，俯仰天下之大事，到最后终于成为一个深明韬略，文武兼备，足智多谋的"智囊"。

如果在当初，张良把老人让他捡鞋看做是一种侮辱而不能忍下这口恶气，那么就不会有后来的这一番奇遇，他的雄心壮志也就没有得以施展的基础，他最后的成功不能不说是得益于他的"能屈能伸"。

然而值得我们注意的是，能屈能伸可谓是古今大丈夫处世的一种方式，但并不是没有任何原则。人世间的任何事情都有度，一旦超过了一定的界限，那么就很有可能会走向事物的反面。就以韩信和张良为例来说，张良更懂得屈伸的尺度，在辅助刘邦完成了推翻暴秦的统治，实现了国家的统一大业之后，张良面对高官重爵、荣华富贵不为所动，他知道作为人臣已经达到了顶峰，盛极则衰，因而悄然引退，最后得以善终。韩信则不然，功成后韩信被封楚地，但刘邦显然对他心怀疑惧，韩信对此也心知肚明。为了赢得刘邦的信任，当好友钟离昧投奔他的时候，韩信没有理会钟离昧“我今日死，明日恐怕就轮到你了”的劝告，拿了钟离昧的人头去消除刘邦的怀疑，但最终也没有逃脱夷灭九族的命运。如此看来，韩信把“能屈能伸”演绎得更加市侩，更加功利，为了保护自己可以无所不用。当“能屈能伸”的标准降到了自身利益的尺度，就成了一块遮羞布，已称不上是什么所谓的大丈夫了，对于如此的处世原则与标准，只能够更加为人所不信任，韩信后来的死也就不值得奇怪了。

由此可见，要想成为真正能屈能伸的大丈夫，第一步就需要弄清社会的根本道义与做人的准则，之后再找到一种能够达到最终目的的途径与方法，屈伸要有一定的尺度，无限度地屈，就很有可能会走向懦弱与卑鄙。

三国时期的魏国官吏王昶在家训当中就告诫子孙：“屈以为伸，让以为得，弱以为强。”这句话所讲的意思就是说：如果能以一时的委屈为了后来的伸展，以暂时的退让为了最后的胜利，以暂时的懦弱为了强大，那么人世间就根本不会有办不到的事情。大丈夫能屈能伸，能够明白道理者，古今中外确实不乏其人。

晋代陶渊明不肯为五斗米折腰而挂印辞官，虽然给后人留下不少诗词，但他胸中治国安民的才华却失去了施展的机会。同样是清官，郑板桥却采取了忍让的策略，用自己的智慧斗贪官，从而为老百姓做了很多好事，其实质上是深味“屈”与“伸”的精髓，值得我们后人思考。

举个例子来说吧，有两位著名学府的高才生，一起到南方某经济特区打工。甲被安排搞统计，天天和报表打交道，所学的知识派不上用场。他感到太委屈，便跳槽到别的单位，结果连跳十多次槽，十年后也未被重用。而乙进公司时也是统计员，他安心工作，十年后是这家公司的副总经理。同样是班里的高才生，甲是弃“屈”图“伸”，到最后却一事无成。而乙则是以“屈”求“伸”，到最后他成功了。我们要知道如今社会的高才生比比皆是，用人单位如不能先在“屈”中考验你的本事与品德，怎敢在开始时就让你“伸”呢?

人的一生是十分复杂的，“屈”与“伸”也是从多方面来说的。一个人在工作中受到领导批评，不妨先“屈”一“屈”，静下心来找出差距和不足，能够做到及时地改正，其后再图“伸”，千万不可一味地意气用事，同领导顶撞或匆匆辞职，以致使自己铸成大错。与朋友同事发生矛盾，也不妨先采取“屈”势退让，待矛盾化解之后就自然能够同当初一样和好，蔺相如以“屈”待廉颇就是一个十分好的例子。

古人有句话：“大丈夫能屈能伸。”但愿我们每个人都能够善待人生中的屈与伸，顺利地到达成功的彼岸。

大丈夫要能屈能伸，只有做到如此才能够办成大事。对于能屈能伸，三国时期魏国名将司马懿给我们做出了一个很好的榜样。司马懿生于 179 年，在 208 年（赤壁之战那一年），出仕时正好 30 岁。那他这之前这么多年是在干什么呢?与诸葛亮躬耕于南阳不同，司马懿由于是名门之后，他不可能做种田的事，他就在许昌城中，却一直对曹操避而不见，因为他从心底看不起出身低贱的曹操。最终曹操也是访问了他三次，司马懿才答应出山，这与诸葛亮三顾出山多么相似呀！但与诸葛亮不同的是，曹营的“智囊团”不是刘皇叔手下的一无所有，初来乍到的司马懿不可能在里面有什么大的作为，司马懿一开始做的是文学掾，这个官职现在来看可能就是抄抄写写的一类官员，这对于在军事和政治上的天才司马懿来讲，是不是有“专业不对口”的情况呢？但司马懿并没有在乎这些，他在这时是一直“屈”着的。总之一句话，在曹操的时期，司马懿一直都是“屈”着的，虽然他后来的官升到了丞相府主簿，但始终没有什么带兵作战的机会，他所有的只是作为谋士提出过的两次重要计策，一是在取下汉中后劝曹操乘势进攻刘备立足未稳的西川，二是献计联合东吴共同对付汉中的刘备。这两个计策曹操只用了后者，就这一下就使得不可一世的西蜀大将关羽命丧建业，说关羽是间接死于司马懿之手都不为过。但司马懿的真正能力绝不是一个普通的谋士，于是在孟达响应诸葛亮北伐时，身为荆州都督的司马懿有了第一次带兵作战的机会。这一仗打得十分干脆，也让司马懿在魏明帝曹叡心中的地位有了很大的提升。在魏都督曹真病逝后，司马懿继任成为魏都督，他终于有了与诸葛亮亲自交锋的机会。在与诸葛亮的交锋中，司马懿采取的战术很清楚，就是坚守不战，因为这样他受到了诸葛亮的种种侮辱，但司马懿此时很好地发挥了他能屈的长处，终于拖死了诸葛亮。其后他又“伸”了，带兵平定了魏乐浪公公孙渊的反叛，于是他在魏明帝心中的地位上升到了极点。但魏明帝一死，执政的曹爽根本不给司马懿机会，于是司马懿又“屈”了下去。正是“君子报仇，十年不晚”，从魏明帝病逝到著名的“高平陵事件”，正好是十年，司马懿果断消灭了曹爽的势力，这也为后来的晋代魏拉开了序幕。

尺蠖之屈，以求伸也。人生活在世间要吃饭、生存，往往不得不委曲求全，以期找出新的出路。能屈能伸才能够有立身之本。

屈，是一种人世间难得的糊涂，是一种“水往低处流”的谦恭；是困难境遇当中求存的“耐”，在负辱中抗争的“忍”，在名利纷争中的“恕”，在与世无争中的“和”。

伸，是以退为进的谋略，以柔克刚的内功，以弱胜强的气概；是“无可无不可”的两便思维，是“有也不多，无也不少”的自如心态，是“不战而胜”的上善兵法。

“屈”与“伸”者，乃苦乐同在，祸福相互依存，成与败相生。

[制胜秘法]

我们的古圣先贤们为后世留下了这样一个宝鉴，在“屈”中处世，在“伸”中立志；在“屈”中为人，在“伸”中立德；在“屈”中做事，在“伸”中立业。古来先贤为人处世、安身立命的“屈伸学”，原来的本意是效法自然、模仿万物的很好的经验总结。一屈一伸原是人与万物的本能，同时也是为人处世求存的一大智慧。

制敌：

大胆迎敌，化敌为友

世上万物有生有灭，所以一个人要看开人生，悟透人世。世界上没有永远的朋友，也没有永远的敌人。为了成就大事，为了获取大的利益，人就需要有海纳百川的胸怀。通过努力，在可能的条件下，化敌为友，为我所用，这才是制敌的最高策略和真正境界。

顺势而为，各种问题迎刃而解

刘伯温说："善疑者人疑，善防者人防。"喜欢怀疑别人的人，必定无法被人相信；善于提防别人的人，必定不会比别人聪明。明知别人怀疑自己却不肯舍弃，必定是他有存在的理由；知道别人提防自己却不躲避的，必定是他有可依靠之处。天下的人，怎么能会怀疑而又提防得了呢？智谋不足信任不够然后他在那里仰天而视，生怕人家用自己对待别人的方法来对待自己，只相信自己。这样一来有智谋的人隐退，有卓识的人躲避，明哲的装成愚蠢的，灵巧的装成笨拙的，廉洁的躲避起来，而那些圆滑、顽钝鄙陋、屈从的人就来了。这样的人充斥在眼前，而怀疑与提防的心理就更急切，以至于心术用尽而身心郁结，就更加悔恨防范与怀疑不足，这样下去不也令人痛心吗？

善偷牛的人用像芒刺一样的钩子，用一尺长的绳子拴住，钩住牛的舌头就牵着它，深夜里让牛跟着他走，没有敢违抗他的。刘伯温又说："这便是人们所说的偷盗的方法，扼住它的要害，掌握住它的关键所在而牵着它走，没有不服从的。"石羊先生说："这是古人制服盗贼的方法，如今，盗贼却用上它了。"

处理问题应掌握关键，扼其要害。顺势而为，各种问题都会迎刃而解。故蛇攻七寸，人攻弱点。否则，事情越做越复杂，越来越恶劣。

楚国令尹患病，心神混乱，得到秦医而治愈，把此事告知楚王，命令国人凡是有病的不能找别的医生治疗。不久，楚国瘟疫流行，只要是染病去找秦医治疗的人，都死了，于是国人全到齐国去求医。令尹发怒，要捉拿他们。子良说："不可。人生了病就要服药，因为它能救自己的性命。所以辣毒涩苦的药物，针炙烫烤的酷烈，也没有不能忍受的，为的是早点解除痛苦而得到长久的欢乐啊。如今秦医开的药方，不仿效古人而只凭臆断，说岐伯、俞跗等名医的医道不值得效法，《素问》、《难经》等医典不值得研究。所以他所采用的药物，无非是些害人之物，使人从早到晚，肝胆决裂，所以病痛除去了，身躯也随着死去了，只是不像马上死去那样快就是了。我听说：'选择灾祸无不选择轻的承受。这是人之常情。现在令尹不向在野隐士求教，却只为他所喜爱的人图谋好处，难道能改变规律吗？我能死在楚国，真是幸运啊。'"

处理问题须遵循客观规律，遇事不参考其他的经验，只凭个人好恶盲目蛮干，只能事倍功半，甚至事与愿违。故没有规矩不成方圆，是以处事必须看到其事的客观规律，而进行解决。

郁离子说："有了精美的食品可以看不起豆汤，有了上等皮衣可以脱去麻棉，这是人之常情啊。所以精美的食品不足，豆汤也可以代替；皮衣不足，麻棉也可以代替。笼中的鸟，只有驯服了的才肯用食。只有失去自由才知道外面的快乐。有个小孩支起鼠夹并放了食饵来诱捕老鼠，捕获了很多老鼠。一天晚上，其中有一只老鼠逃跑了，于是就再也没有捕获到老鼠。如今假如有人拿着槲树叶做的衣服，提着麦麸烙的饼，并在集市上招呼说'丢掉你的房屋，舍弃你的衣服，来和我生活'，那么就算是他的儿子也要逃跑躲避了。不合事理，大人是不做的。"

舍弃美食而吃麸皮，舍弃轻裘而衣树叶，谁都不想，所以做事一定要合乎情理，逆情悖理，必然不得人心。故做事要于情于理，反之很难服众。

[制胜秘法]

“善疑人者，人亦疑之；善防人者，人亦防之。”人与人之间应充满真诚依赖。假如怀疑一切，处处设防，必然人都敬而远之，成为孤家寡人，郁郁寡欢，身心交瘁。

摒弃私仇，共谋大业

管仲（？×前645），名夷吾，字仲，又称管敬仲。周王同族姬姓之后，生于颍上（今安徽省颍上县）。春秋时著名的军事家、杰出的政治家、军事改革家。管仲凭借其卓越的谋略辅佐齐桓公成为春秋时第一个霸有《管子》一书传世。

管仲从小家贫，自幼自学刻苦，通“诗”、“书”，懂礼仪，知识渊博，武功盖世。自幼与鲍叔牙为友，两人亲密异常，非常要好。后来，管仲做了公子纠的师傅，鲍叔牙做了公子小白的师傅。

齐襄公十二年（前686），由于齐襄公暴虐不已，淫乱异常，被公孙无知所杀，国内一片混乱。管仲护着公子纠逃难到鲁国，鲍叔牙随公子小白逃亡到了莒国。

不到半年，公孙无知也被人所杀。一时齐国无君，一片混乱。逃亡在外的公子纠、公子小白见时机成熟，都想早日回国夺取王位。公子小白行动迅速，先期出发了，得知这个消息，管仲为了公子纠的利益，带着一队人马不分昼夜地赶至设伏地点，准备把公子小白射死在路途中。当公子小白一行到来时，管仲操起箭，向小白射去，只听“当啷”一声，小白应声而倒。管仲以为小白已被射死，便回去了。

其实，小白没有死，管仲一箭只是射中了衣服的带钩，小白当时急中生智，佯死倒在地下。经此一惊，小白和鲍叔牙更加警惕，整理好队伍后，急速向齐国挺进，抢先一步赶到齐都临淄，顺利地当上了君王，即齐桓公。

齐桓公登基后，准备请鲍叔牙担当齐相。鲍叔牙诚恳地拒绝了。他说：“我是个平庸之辈，以我的才能，不能使齐国富强，更不能替您成就霸业。能帮您的人应当是管仲。”齐桓公惊奇地说：“管仲不是我的仇人吗？”提起管仲，齐桓公心有后怕，念念不忘那一箭之仇，恨不得把管仲千刀万剐，碎尸万段。鲍叔牙在齐桓公面前直陈管仲的英明盖世，才能超众，并谏请齐桓公不计前嫌。他说：“那时候，管仲是纠的师傅，各为其主，情有可原。现在您重用他，他照样为您效劳。”经鲍叔牙一说，齐桓公的气也就消了。

管仲回到齐国，齐桓公亲自到郊外去迎接。经过一番恳谈，齐桓公被管仲的才能深深折服，于是封他为齐相，把辅政大权全部委托于他。多年以后，齐国民富国强，齐桓公率先称霸于世。他不禁得意地说：“我有管仲，就如鸟有双翼。”

吕蒙是三国时吴国名将。他出身贫寒，读书甚少，在军中官位不低，但依然遭到豪门出身的人的鄙视。一次，鲁肃领军去陆口（今湖北惠国西南）镇守，途经吕蒙的驻地。鲁肃一直瞧不起吕蒙，不想去拜访，但有人劝他说：“吕将军功名显赫；如今不可同日而语，大将军应该去拜访他。”鲁肃想，也就当是歇脚吧，于是，令所部就地休息，自带数人去见吕蒙。吕蒙热情地宴请鲁肃。席间，吕蒙问鲁肃：“将军您受重任驻镇陆口与蜀国大将关羽为邻，不知道将军有什么好的方法来防备敌人?”鲁肃没有料到吕蒙会提出这样的问题，一时答不上来，便很不高兴地回答道：“到时候计议吧!”吕蒙已经察觉出鲁肃的态度，但他毫不计较，仍然热情地说：“关羽是一员猛将，将军您还是预先定计为妙。”接着他献了五条策略，请鲁肃定夺。鲁肃听了，喜出望外，他不但佩服吕蒙的才略，更敬佩他的度量。自此，两人化干戈为玉帛。

多年以后，吕蒙晋升为虎威将军。一天，孙权请吕蒙一起议事，谈及豫章（今江西南昌）太守病故后的补任之事，吕蒙提到了江夏（今湖北鄂城）太守蔡遗可任此职。蔡遗以前是吕蒙的上级，吕蒙因文化低，不会写疏章常遭他的训斥。孙权听了吕蒙的推荐，笑着说：“以前蔡遗嘲笑你无能，你不记恨他吗?”吕蒙回答说：“当初我确实无能，如果没有他的激励也不会有我的成功!蔡太守才、德兼备，处事公正，理应重用。”孙权赞许说：“你真像‘外举不避仇，内举不避亲’的晋国大夫祁奚呀!”不久，蔡遗就任了豫章太守。

吕蒙部下有个叫甘宁的将领，武功盖世，是一名难得的猛将，但他高傲自大，常常顶撞吕蒙，有时甚至以自己的资历与功劳，公开奚落吕蒙。吕蒙看在他作战勇猛，只是多次对其劝导，未予处罚。

汉建安二十年（215），孙权、吕蒙带着甘宁等将领进攻曹操控制下的合肥。因为甘宁有违军令，孙权一怒之下便要将他斩首。吕蒙得知，赶紧去劝孙权说：“主帅息怒，如今大事未成，正是用人之时，甘宁这样的猛将非常难得，还是宽恕他这一次吧。”他劝导甘宁，使其戴罪立功，果然，当孙权攻城失利时，甘宁心甘情愿奋勇当先，阻截追兵，使全军安全脱险。从此，甘宁也痛改前非，辅助孙权开创基业，立下了显赫的功绩。

[制胜秘法]

世界上永恒的是利益，朋友和敌人在不同的情况下也可以相互转化，不计私仇，甚至在可能的条件下，力争把旧日的仇人变成今日为自己所用的朋友，以助自己成就大事业。

凡事留有余地

胡雪岩到苏州，到永兴盛钱庄兑20个元宝急用，这家钱庄不仅不给他及时兑换，还凭白诬指阜康银票没有信用，让他非常生气。

这永兴盛钱庄本来就来路不正。原来的老板节俭起家，好不容易开创家业，但四十出头就病逝了，留下一妻一女。现在的老板实际上就是原来的伙计，他在东家死后骗取那寡妇孤女的信任，人财两得，事实上已经霸占了这家钱庄。永兴盛的经营也有问题，他们贪图重利，只有十万银子的本钱，却放出二十几万的银票，已经危在旦夕了。

胡雪岩在这家钱庄无端受气，非常想报复一下，起先他想借用京城“四大恒”排挤义源票号的办法。京中票号，最大的有四家，招牌都有一个“恒”字，称为“四大恒”。行大欺客，也欺同行。义源本来后起，但由于生意迁就随和，信用非常不错，而且专跟市井佃民打交道，名声一下子做得很盛，连官场中都知道了它的信誉，因此生意如日中天。“四大恒”同行相妒，想打击义源，于是出了一手“黑”招，他们暗中收存义源开出的银票，又放出谣言说是义源面临倒闭，最终造成挤兑风潮。

胡雪岩仿照这种办法，比当年“四大恒”排挤义源时做起来更方便也更狠。浙江与江苏有公款来往，胡雪岩可以凭自己的影响，将湖州联防的军需款项、海运局分摊的公款、浙江解缴江苏的协饷几笔款子合起来，换成永兴盛的银票，直接交江苏藩司与粮台，由官府直接找永兴盛兑现，如此一来，永兴盛不倒也难了，这招借刀杀人，不留一丝痕迹。

不过，胡雪岩最后还是放了永兴盛一马，没有去实施他的报复计划。他放弃计划，有两个考虑，一个觉得出手太狠，一招既出，永兴盛永远无翻身之日。另一个考虑则是这样做法，很可能只是徒然搞垮永兴盛，对自己没任何好处。这样一种损人不利己的事情，胡雪岩也不愿意做。

从这件事情中，可以看见胡雪岩仁厚的一面。说起来这永兴盛既来路不正又经营不善，实际是一个强撑住门面唬人的乱摊子，即使将它一击倒地，也无伤大雅，可能还为钱庄同业除去一匹害群之马。即便如此，胡雪岩还是下不得手去，足见他所说的“将来总有见面的日子，也得顾及三分情面”，并不是口头上说说而已，而是的的确确是这样去做的，这其实可以作为胡雪岩的一条为人准则。

[制胜秘法]

这当中自然有胡雪岩对于自我利益的考虑在起作用，所谓将来总有见面的机会，事情做得留有余地，也就为将来见面有所迂回。事实上，对于生意人来说，这样考虑也是比较周全的。生意场上，没有永远的朋友，也没有永远的敌人，不管竞争多么激烈的对手，竞争过后都会有联合的可能，所以，竞争总是存在，而“见面”的机会也总是存在的。俗话说“给人一活路，给己一财路”，从商者都应该把目光放远一些，给别人一个台阶也就是给自己一个台阶下。

待人做事，得理也要让人。在生意场上，就算完全有理由有能力置对手于死地，也不要赶尽杀绝。

抓住时机，准确下手

秦王嬴政也是一个厉害的角色。他不动声色，积蓄着力量，伺机动手，打算将嫪毐集团一网打尽。明确了目标，行事就有了明确的方针、清晰的路线，也就等于把命运攥到自己的手里了。秦王嬴政22岁时，他从国都咸阳跑到祖庙所在地旧都雍，举行了加冕礼，就留在雍的蕲年宫。却不知此时恶毒的嫪毐却先发制人，盗用了秦王的玉玺与太后的玉玺征发军队，发兵攻打蕲年宫，想一举杀死秦王。

秦王嬴政早有防备，身边的卫队拼死奋战，来犯的秦军有一部分散去，另一部分倒戈。年轻的秦王命昌平君、昌文君二人发兵攻击嫪毐的队伍，两军在咸阳交战。秦王嬴政军队斗志旺盛，“斩首数百，皆拜爵，及宦者都在战中，也爵一级”。嫪毐所征调的军队丝毫没有战斗的能力，一交锋就溃散了，这也是邪不压正的必然结果。在名不正、言不顺的情况下搞破坏，总是不得人心的。

年轻的秦王在清除嫪毐集团的斗争中，并没有顺其自然，而是主动出击，避祸求福，这是一种积极进取的人生态度。这种积极进取的人生态度让他一生都能把握机遇，创造出无与伦比的业绩。从秦王嬴政的成功事例，我们不难感悟到这样一个道理：必须主动去追求成功，即“谋事在人”。

《诗经》中说："迨天之未阴雨，彻彼桑土，绸缪牖户，今女卜民，或敢侮予！"意思是说：趁着天晴不下雨，取些桑根皮，修补旧窗户，看他巢下人，谁敢欺侮我！据考证，这首诗是三千多年前的周公写给他的侄子周成王的，希望他勤于国政，努力办好国事，不要麻痹大意，以免导致内乱外患。

这首诗为历代圣贤所推崇，连孔子都赞赏有加，他说："讲得对啊，把国家大事都办好了，谁还敢欺侮他。"后来孟子也说："不居安思危，而只贪图享乐，这其实就等于自招祸害。明代的朱柏庐在《治家格言》中也说："宜未雨而绸缪，毋临渴而掘井。"

这首诗告诉我们：但凡干大事，总要有所成败，而成败与否有时候可以决定一个人的命运。因而，为了掌握自己的命运，多操胜券，古往今来高瞻远瞩的谋略家，无一不是筹划帷幄。虽说经常出入于九死一生之中，却仍安然自在，这就是他们懂得操守胜券、把握命运的重要。而"临阵磨枪"、"临渴掘井"是不能稳操胜券、从容应敌的，不能自己控制自己的命运。

秦王嬴政之所以能不被阴谋迫害，关键在于他事先有很好的防范，所以在嫪毒发动武装叛乱的危急时刻，年轻的秦王能处乱不惊，临场急变，充分地表现了他作为杰出政治家的风度。

古人阐述过这样一些来自生活中的道理：在平地注水，水往潮湿处去；在铺放均匀的柴上点火，火向干燥处烧。水上的鱼如同鱼鳞、山上的云如同草莽，阴雨时云像淡淡水波，干旱时云像袅袅烟火……像这样的现象无不和它们赖以生存的东西相互关联。人的祸福也是这样，它必然与得祸得福的人本身的作为密切相关，并非无缘无故地从天而降。

《商箴》上写道："天降灾布祥，并有其职。"也就是说，祸福是人自己导致的。福祸的来去往往离不开人为因素。舜在历山耕种，在黄河边制作陶器，在雷泽钓鱼，天下的人都爱戴他，杰出的人才莫不跟随他，这是人为努力的结果。禹周游天下，寻求贤人，为百姓谋求利益，疏通河流，这都是人为的努力。汤武积善其身，修身自贤，忧国忧民，这是个人奋斗的结果。可见圣人高人避祸求福也不是坐等天命，而是靠自身谨慎努力。

有一首通俗歌是这么唱的："三分天注定，七分靠打拼，爱拼才会赢。"它清楚地道出了要避祸求福，必须付出汗水和劳动。试想：如果秦王嬴政只依仗世袭的王位而不积极进取，他能保住其王位吗？当然，"拼"不是蛮干。要想拼成功，要明白大事理，透视人生的根本道理，不以物喜，不以己悲。用豁达的心去面对贫穷富贵。孔子穷困于陈、蔡之间，七日没吃上粮食，煮的野菜里没有米粒。他的弟子宰予疲困饿乏，孔子弦歌于室，颜回择菜于外。子路与子贡一起说道：先生在鲁国被逐，隐居在卫国，在宋国一棵树下习礼被人砍倒树，而今在蔡国、陈国又遇到这样的困境。要杀先生者无罪，辱先生者不禁，先生却弦歌鼓舞不断，先生不知耻辱竟达到了这样的程度吗？颜回无言以对，将这些话告诉了孔子。孔子不高兴地推开琴，喟然叹道："仲由与端木赐是小人呀！要他们俩来，我来告诉他们道理！"

子路与子贡进来后，子贡先说了一句："如我们现在，算穷困了吧！"孔子说："这是什么话呢？君子在道义上通达为真正通达，在道义上穷困才真正穷因。现在我们紧守仁义之道，因而遭乱世之患，本应这样，怎么叫穷困呢？反省自己无愧于道义，面对艰难而不丧失品德，就无所谓穷困；而等待大寒到来，霜雪降下，才能知道松柏的苍劲。从前齐桓公有得于出奔莒国，晋文公有得于出亡曹国，越王勾践有得于会稽之耻，在蔡国、陈国遇困境对于我们还是有利的！”孔子说罢端庄严肃地重新操琴，子路闻弦威武地拿起盾牌起舞。子贡惭愧地说：“是我们不知天高地厚。”

学习孔子，像他那样透视生命的意义，理解人生的穷达祸福，不论何时都坚定生活的信念，岂不可以使自己的心如明镜？从而祸患自然消解，福气也会常常伴随着你。

一个人要想掌握自己的命运，就要积极地奋斗。常人都知儒家思想是入世哲学，是要鼓励人积极进取；其实道家的“无为而治”也是另一种意义上的拼搏，只不过没被一般人所看破。所谓“无为而治”并不是消极地坐以待毙，它是东方人所特有的一种极睿智的学说，把博大精深蕴藏于冰山之下，不发掘就难以见其“庐山真面目”。老子不是说“明道若昧，进道若退”吗？表面消极而实存进取之心，以“无为而无不为”作为处世的原则。始皇嬴政在亲政之前就是这样。

“无为”只是叫政敌迷惑，用来混淆视听，并非真的无所事事。是在沉默中积累力量，以达到无不为的境界。如果始皇嬴政在后期治国能“无为而治”，秦国专制统治的命运就会出现另外一种局面了。

[制胜秘法]

人们所谓“成事在天”，按客观规律办事，这句话的立足点是“谋事在人”。秦王嬴政未亲政之时，嫪毐与赵太后欲合谋杀害他，而立他们的私生子为王，秦王面临生死抉择：若任其为之，不做任何准备，就很可能会为嫪毐所害；如下手太早，自己羽毛未丰，实力待充，容易为对手所击败。为此他决定暗中提防，早做准备，待机而动。任何时候我们都要有警惕性。

投其所好，“对症下药”

胡雪岩的精明之处，还在于他善于抓住不同的人的特点，区别对待，也就是通常说的“投其所好”。

在胡雪岩的那个时代，要想把势力稳固好，金银是至关重要的。胡雪岩深谙此道，自然也从不吝惜银子，甚至到了有“求”必应的地步。像时任浙江藩司麟桂调署江宁藩司，换位时在浙江亏空的两万多两银子需要填补，又一时筹不到这笔款项，便找到胡雪岩帮忙，胡雪岩二话没说便爽快地应承下来，以至麟桂派去与胡雪岩相商的亲信也“激动”不已，称胡雪岩实在是“有肝胆”、“够朋友”，要他一定不要客气，乘麟桂此时还没有卸任，需要什么尽管开口，反正惠而不费，他一定肯帮忙。胡雪岩做得实在“漂亮”，他没有提出任何索取回报的具体要求，只是希望麟桂到任之后，有江宁方面同浙江方面的公款来往，能够指定由阜康代理。这一点点要求，对于掌管一方财政的藩司来说，九牛一毛。事实证明，胡雪岩的投资是有眼光的，最终获利不少。

但是，解决问题并不是只有送钱这种办法，也有人爱金钱但更加爱美女的。胡雪岩深知这一点，忍痛割爱也在所不惜。

开始，浙江巡抚黄宗汉露出口风要动一动了，正在考虑自己的接班人。

从自己的利益上来说，这个位子让何桂清接任最合适，因此，胡雪岩专门去了一趟苏州，游说何桂清早日进京活动。至于费用，可以由胡雪岩放款（其实也就是代垫了）。

想不到他不为金钱所惑，何桂清年少得意，在情、色上免不了看不开，居然迷上胡雪岩的宠姬阿巧。让胡雪岩深感意外。

对于阿巧，胡雪岩从认识的那时候起，便有“西南北东，永远相随无别离”的属意。如今要做“断臂赠腕”的举动，这个决心委实难下。

最后，他还是做了“退一步想”的打算，忍痛割爱，将阿巧让给了何桂清。何桂清看胡雪岩竟然以美女相让，非常感动，马上带阿巧上京打点，没多久便补了黄宗汉的缺。从那之后，他对胡雪岩非同一般，一直到死，都是胡雪岩生意场的坚实后盾。

赠金、赠美，对以一品顶戴兵部尚书兼都察院左都御使任闽浙总督的左宗棠，却无法使他动容。起初，因为杭州被太平军占领期间的谣言，这个时候的左宗棠对胡雪岩既早闻其名，也早有戒备，他收到许多告胡雪岩的状书，决定一律查办，指名严参。这位素有“湖南骡子”之称的总督，在胡雪岩前去拜见时，座位都不给他，很是“晾”了他一把。而胡雪岩最终还是得到了左宗棠的信任，还被他当成知己，左宗棠由此成为胡雪岩在官场比王有龄更有力量的靠山。后来也就是因为左宗棠的大力引荐，胡雪岩才得到朝廷特赐的红顶子。

胡雪岩取得左宗棠的信任，其实只做了两件事：

第一，献米献钱。胡雪岩回杭州，带到杭州去的有 1 万石大米与 10 万银子。本来这 1 万石大米有一个名目，那便是当初杭州被围时，胡雪岩同王有龄商量，由胡雪岩冒死出城到上海采购大米以救杭州粮绝之急。胡雪岩将米运往杭州但无法进城，只得把米转道宁波，现在杭州收复，胡雪岩将这1万石大米又运往杭州，并将当初购米款两万银子面交左宗棠，等于是他回复了公事，以此证明自己并非携款逃命，白给左宗棠1万石大米。那10万两银子则是胡雪岩为了攻下杭州的官军自我约束，不愿意打扰农民而自愿捐赠的犒军饷银。清军打仗，为鼓励士气，有一个定律，攻城部队只要攻下一座城池，三日之内可以不遵守禁止抢劫奸淫的军规。胡雪岩献出10万两银子，他想这个丝毫不犯错误。

第二，主动承担筹饷重担。左宗棠大军进军太平军时，每月需要的饷银达25万之巨，当时朝廷财政支出，用兵打仗采取的是"协饷"的办法，也就是由各省拿出钱来做军队粮饷之用，事实上是各支部队自己想办法筹饷。胡雪岩听到左宗棠谈起筹饷的事，马上就表示自己愿意为此尽一份心力，而且当即就为筹集军饷想出了几条行之有效的办法。

胡雪岩做的这两件事，确实做到了对"症"下"药"，因而也是一下子"药"到"病"除。所谓对症，是因为军饷、粮食，都是左宗棠最伤脑筋的事。杭州刚刚收复，善后是一件大事，而善后工作要取得成效，首先是要有粮食，其次，当时镇压太平军实际是左宗棠与李鸿章协同进行，太平军败局已定，左宗棠领功急切，这个时候，粮草军饷也是当务之急。没有粮饷就无法进一步展开攻势，而且一旦"闹饷"，部队无法约束，成了乌合之众，还会酿出乱子。胡雪岩的到来，使左宗棠这两件头痛的事情一下子就解决了，哪有不赏识他的理由呢！用左宗棠的话说，解决了这两个问题，不但杭州得救，肃清浙江全境也有把握了。难怪胡雪岩去拜见他，开始连座都不让，到听说运来了粮食，不仅让座而且是升炕，而到了谈及筹饷，他马上吩咐留饭了。

这对症下药，说白了就是投其所好。正如送礼，要送得合适，这就叫对症下药，重要的原则就是要对方喜欢。而要对方喜欢，常常也就是送给对方急需的，又一时没有的。比如左宗棠喜奉承，求事功，胡雪岩正好给送去所需之物，一送之下，收到了很好的成效。胡雪岩说："送礼总要送人家求之不得的东西。"可见他是深知这个道理的。

胡雪岩在生意场中如鱼得水，和他有想法，善解人心，并进而投其所好的心计与手腕是分不开的。

[制胜秘法]

精明的商人善于抓住对方弱点，进而投其所好，一切皆为自己的长远利益做打算。

和"敌人"做朋友

胡雪岩在生意上虽然历经波折，最终获得非凡的成功。这不仅靠他自己的能力，也靠他的朋友支持，甚至劲敌也有向他伸出援助之手的时候。

与胡势不两立的，一般是生意上的死对头。一般商人遇到这种事，总是想：既然大家都过独木桥，对不起，我只有想办法把你挤下去了；然而胡雪岩不这样认为，既然是过独木桥，都很危险，纵然我把你挤下去，免不了你以后挤兑我，冤冤相报何时了？既然大家图的是利，那么就在利上解决吧。

胡雪岩的老朋友王有龄以前碰到一件烦心事，他去拜见巡抚大人，巡抚大人却说有急事在身，不接见他。

王有龄上任湖州知府以后，与朝廷的关系好像如鱼得水，逢年过节，上到巡抚，下到巡抚院守门的，浙江官场各位官员，他都极力打点，尽量巴结，各方都皆大欢喜，每次到巡抚院，巡抚大人总是马上召见，今天却碰到了被拒之门外的怪事！

王有龄回到府上，找到胡雪岩问其原因。

胡雪岩道，此事必有因，等自己去巡抚院打听打听。他起身到巡抚院，找到巡抚手下的何师爷，两人本是非常要好，私下里无话不谈。

其实，巡抚黄大人听表亲周道台一面之词，说王有龄所治湖州府今年大收，获利很多，但孝敬巡抚大人的银子还和原来一样，可见王有龄自以为翅膀硬了，无视巡抚的存在了，巡抚听后，心中很是不快，所以今天给王有龄一些颜色看看。

这周道台是何许人物？与王有龄又有什么过节呢？

原来，这周道台并非实缺道台，也是捐官而得。是巡抚黄大人的表亲，为人飞扬跋扈，人们都痛恨他。黄巡抚也知道他的品性，不给他实权，怕他生事，但又看在亲戚的分上把他留在巡抚衙门中做些文案差事。

湖州知府迁走后，周道台极力争补该缺，王有龄使了大量银子，黄巡抚最后还是把该缺给了王有龄。周道台从此便恨上王有龄，说尽他的坏话。

王有龄知道事情缘由后，非常害怕，今年湖州收成相比往年，还是一样，所以给巡抚黄大人的礼仪，还是按以前惯例，不知会出现这样的情况，得罪了巡抚，时时都有被参一本的危险，这乌纱帽随时可能被摘下来。

对此，胡雪岩不以为然，从怀里掏出一个空折子，填上两万银子的数目，派人送给巡抚黄大人，说是王大人早已帮他存有银子入钱庄，来不及通知大人。

黄巡抚收到折子后，非常高兴，立刻派差役请王有龄到巡抚院小饮。此事过后，胡雪岩却闷闷不乐，怕周道台这个卑鄙小人，担心早晚会出事。

王有龄何尝不知，只是周道台是黄大人表亲，打狗还得看主人，如果真的要动他，恐怕还真不容易。

胡雪岩想来想去，连夜写了一封信，加上千两银票，派人送给何师爷，何师爷半夜跑过来，在密室内同胡雪岩谈了一阵，便告辞而去。

第二天一早，胡雪岩便去找王有龄，告诉他周道台正在和外国人打交道，这生意不是一般的生意，而是军火生意，生意倒无碍，问题是周道台犯了官场的大忌。

原来，太平天国之后，各省纷纷办洋务，大造战舰，特别是沿海诸省。浙江财政空虚，无力建厂造船，于是打算向外国购买炮船。按惯例说，浙江地方购船，本应通知巡抚大人，但浙江财政空虚无力建厂造船，平素貌合神离，各不相让，藩司之所以敢如此，是因军机大臣文煜是他的老师，正因如此，巡抚黄大人对藩司治下的事一般不大过问，但求相安无事而已。

[制胜秘法]

人都是围着利益转的。生意场上竞争，难免会构成敌对关系，胡雪岩总是笑对竞争对手，千方百计化敌为友。

谨慎分析　巧得结果

元朝时期，某年的一天，湘乡县的知县赵景坞正批阅公文，忽然门人通报说，有个外地人要向他鸣冤告状，于是他命门人把告状的人带进来。

这是个姓李的文弱书生，上月去长沙府赶考路过湘乡，没有想到钱袋失落，为不误考期，派仆人把随身所带的银酒壶拿到当铺抵押，考试结束便向同乡借了赎金，回到此地赎取银酒壶。可到手的酒壶却换成了铜质的。他极为惊讶，便询问仆人。仆人也觉得蹊跷，当时他确实是拿银酒壶作抵押借钱的，如何会变成铜的了呢？李书生非常恼怒，便同仆人一块同往当铺理论。没想到店主人矢口否认有过什么银酒壶，还说他们故意诈骗。李书生不服，店主人拿出当票，上面确实写的是铜酒壶。李书生傻了眼，只怪仆人一字不识，当时自己走得匆忙，居然没有查看当票。为此，他无话可说，只好离去。事后又心有不甘，便来找赵知县申诉。

赵知县早闻当铺店主人欺人之事甚多，可当票上白纸黑字写明铜酒壶，不知如何是好？他念头一转，便派差人传唤店主人到大堂。店主人一见知县大人，急忙跪下，心中忐忑不安，只等赵知县发问。岂料赵知县对他不闻不问，只顾看桌上的案卷，把他给晾在一边。店主人心中很是奇怪，可又不敢动弹，就这么跪着一动不动。时间久了，腰腿疼了，心更慌了，一个哈欠，嘴里的牙签垂了下来。赵知县看了他一眼，心中暗喜，问："你嘴里垂下的是什么？"店主人回答道："牙签。"赵知县吩咐差役给拿来看看，说："给我做个一模一样的。”就马上起身入内，急忙对差役如此这般吩咐了一番。

差役拿了牙签跑到店主家对伙计说：“酒壶的事，你家主人已承认了，让我来拿，以这根牙签作为证据。”伙计看到牙签，知道是东家的随身之物，相信他已经招供了，便将银酒壶交出。赵知县把银酒壶放于堂上，让李书生来确认，果是此物，于是完璧归赵。

赵知县是一个聪明果断的人。他可以洞察最深处的东西，摸清他人，所以成功地侦破了案件。

[制胜秘法]

做任何事情都要认真思考，仔细判断，明察秋毫，这样才能帮助我们正确地认识客观世界，改造世界，从而走向美好的明天。

巧施计谋，成就自己的事业

李治鱼的身世和胡雪岩相同，家里穷读书少。自幼进钱庄学徒，从伙计、小厮、档手一步步提起来，对钱庄业务了如指掌。他特别精于算术，口算神速，曾有同行用算盘同他比试，对方看着账本噼里啪拉尚未拨完珠子，他已提前报出数字，丝毫不差。人们惊叹为“神算子”，称李治鱼为“神算李”。他过目不忘记忆力超强，钱庄积年老账，高齐屋梁，如果要查看，不劳动手，只问“神算李”年月期号，他便一口报出，从来不失误，“神算李”在钱庄是块宝，和胡雪岩并称钱庄双璧。同行提起“永康李，信和胡”，无不啧啧叹服。

也许各有所长，李治鱼同胡雪岩交情不厚，且互相侧目，都不服气，有时偶尔相遇，不是反唇相讥、刻薄挖苦，便冷脸相看。但胡雪岩此时需要他，便宽容许多，不再计较他的小气。麻烦的是如何把“神算李”这块宝从永康钱庄挖过来，定在自己的钱庄里。

这件事很难办，永康钱庄老板赵得贵做人厚道，待下人很好，特别视李治鱼为亲生儿子一般，薪饷优厚，敬为上宾，有传言说要把独生女玉菡许配给他，招赘为婿。李治鱼事实上已成了永康钱庄老板，没有跳槽的理由。

胡雪岩考虑到这些，几乎丧失了信心。他是个说干就干，认准了目的就决不放弃的角儿。直觉告诉他，如果想成事，非要挖来李治鱼不可，否则将来李治鱼成了老板，同胡雪岩分庭抗礼，必是强劲对手，那时后悔莫及。主意打定，胡雪岩眼珠儿乱转，思考从何处入手。蓦然，他脑子里跳出一个人来，喜得大腿一拍：就是她！

急忙来到杭州一个幽静的角落，寻着一家院门推开，一个媒婆样的妇人见了胡雪岩便叫道：“哎哟！讨账的人来啦！”“马二姑，今天不讨别的账，只为一桩人情账。”胡雪岩笑哈哈地进了门。马二姑是杭州城有名的媒人，一般周旋于达官贵人、太太小姐之间，撮合姻缘、拉纤说媒。胡雪岩曾向她讨过账。

马二姑看他一眼，调侃道：“又看上哪家的姑娘要讨来做姨太太？真是作孽！”

胡雪岩道：“抚台黄大人的三姨太前些日子，因为想不开便挥袖而去，黄大人非常伤心，几乎不理公事，大家张罗着给黄大人来说一门亲，以慰枕边寂寞。”

马二姑愣住了，给抚台黄大人提亲说媒，是脸上贴金的好事。“黄大人纳妾，姑娘家的门楣不能低，不知谁家姑娘有这样的福气？”

“全杭州好人家的姑娘你心里都有数，还能难到哪里去？”胡雪岩恭维道，“选那快出阁的，模样儿看得上眼的姑娘，黄大人若是喜欢，包你好处多多。”

马二姑十分开心，屈指细算：“东门刘举人的姑娘脚太大，西湖边赵财主的大女可惜对对眼，永康钱庄赵老板的女儿玉菡正当年，北拱桥姜秀才的女儿又害了痨，才貌双全，但又听说……”“听说什么？”胡雪岩急问。“听说赵老板有意招“神算李”为婿，故玉菡一直没有聘人家。”“只要新人未入洞房，这样的事情可以再说。”胡雪岩提醒道。马二姑点头称是：“黄大人封疆大吏，多少人家巴望高攀，玉菡娶过去，赵老板平步青云，成了抚台岳丈，妒煞许多人。”

两人商议已定，胡雪岩直奔抚台衙门。你道胡雪岩胆大包天，竟敢未与黄巡抚商量便擅自做主？黄大人本是好色之徒，与胡雪岩、王有龄常在勾栏瓦子枕牙床、吃花酒，成了熟悉的嫖友。胡雪岩曾向黄巡抚打包票，帮他寻一个出色的杭州姑娘做姨太太，一直未物色定，不想今日念头一转，一举两得。

门子通报进来，黄巡抚立刻传见，听了后眉开眼笑：“和你说的一样。本大人立刻补你实缺。”胡雪岩再三感谢。黄大人吩咐开500两银票做聘金，交给马二姑前去赵家说媒。

马二姑有巡抚大人做主，脚下春风，马上来到永康钱庄面见赵老板夫妇。听起来是件不错的事，可两口子都傻眼了。本来，玉菡已到出阁年龄，媒人纷至沓来，赵老板有心招婿，为笼络“神算李”，保住钱庄生意，所以放出口风，谢绝了媒人。哪知，巡抚黄大人竟钟意小女，想纳为妾，白花花的500两聘银耀眼夺目，这事并非儿戏。

赵老板心眼活动，飞快盘算："神算李"出身低微，而巡抚黄大人，一省高官，圣眷正隆，权势熏天，十个钱庄也比不了，俗话说人往高处走，水往低处流，不攀高枝就蒿草，傻瓜才干的事。赵老板想定了，直拿眼瞅太太。赵太太没有主意，她近来已把"神算李"当女婿待，好得不得了，忽然间又要变卦，拉不下面子。马二姑自然明白，忙劝道："女儿家留不住，早晚是人家的，嫁给黄大人，一步登天，荣华富贵，着金戴银，是她的福气。若受大人宠爱，早晚间扶了正，便是二品夫人诰命册封，耀祖光宗，风光无比，福及子孙，这是天上掉下来的好事，可惜我命苦，没有女儿，捞不到这等美事。"

一番如簧巧舌，说得赵太太无语，谁家母亲不疼女，她自然为女儿前途着想。

此事已定，马二姑非常高兴赶回抚台衙门报喜讯儿，讨要口彩。黄大人夸她能干会办事，赏了五两银子。两家按部就班，各自行事，不出半月婚期将至。一乘花轿儿，几个吹吹打打人，将玉菡姑娘抬离赵家，一直送到抚台宅院。因为娶妾，并非正室，所以少了不少礼数。黄巡抚只请了几桌至亲好友、幕僚同事。胡雪岩也在被请之列，非常意外：若非斡旋此事，以区区候补县员怎有资格位列酒座，与抚台举杯对酌？这可算是意外的大收获。

黄大人抱红偎翠，如痴如醉时，可怜神算子李治鱼，一场招赘美梦顷刻成泡影，只得躲到小酒店，借酒浇愁。

胡雪岩看在眼里，喜在心头，棋已经下对了一半，不怕"神算李"跳出他手掌心。

玉菡姑娘出阁后，李治鱼如遭霜打的瓜秧，终日无精打采。赵老板自知有愧，也不来管他。两人关系大不如前。

有一天，藩司陈师爷前来永康钱庄存银，临收银票时说少了800两的票子。李治鱼说已如数给了，陈师爷只是不肯，大闹一番，惊动赵老板，一看不是小数目，忙核查账目、对证银票，希望找出漏洞所在。不知怎地，“神算李”却查不出账。赵老板查不到原因，只好自认晦气，补足陈师爷银票，心痛了好些天。

还有一次，一个风尘垢面、行商打扮的外地人来到永康钱庄，点着名字找“神算李”。刚好“神算李”因公外出，那人说有重要的东西给他。赵老板亲自接待，费了许多口舌，才弄明白此人远在云南，和李治鱼合伙做药材生意，获利颇多，来送红利，留下一包袱银锭。赵老板气得发昏，打开包袱一看，整整有上千两雪花银。伙计私下做生意，在钱庄是不可以的，说明对主人不忠，有借钱庄发财的嫌疑。待李治鱼回来，赵老板严加盘询，李治鱼竟矢口否认，一问三不知。主仆之间，从此有了芥蒂。

便有好妒者在赵老板耳边说：“神算李”做不成赵家女婿，别有他想。赵老板深信不疑，暗中提防。活该李治鱼败运，时近深冬，非常寒冷，这晚由李治鱼当值，为抵御寒气，在室中生火取暖。梦中忽然被响声惊醒，见屋内火光冲天，烟雾弥漫。邻居一齐救火，好容易扑灭，门面已焚烧大半，积年的账册也灰飞烟灭。赵氏夫妇痛心疾首，把一腔子怨恨都泼到“神算李”身上。李治鱼见老板翻脸无情，一跺脚，便离开了钱庄。于是谣言伴着“神算李”一路播撒开来：李治鱼暗算老板、亏空太巨，做假账糊弄赵老板，只怕被查坐实，纵火烧毁积账，来个灰飞烟灭死无对证。

这么毒的手段不是谁都可以用得如此巧妙的。于是李治鱼的下场，比当年逐出信和的胡雪岩还要糟糕透顶。不但没有人替他洗雪冤屈，疑云愈积愈重，像一座大山压在他头顶，使他无法喘气。李治鱼空怀绝技，就在杭州街头流浪，多次受到别人的冷落，又气又急，且身上又没有多少钱，只得含泪到乡下投靠亲友。

这日，李治鱼在崎岖山道踽踽而行，大地上布满了寒雪，他衣衫单薄饥饿过度，挣扎着来到一座土地庙，只觉天昏地暗，“扑通”倒在墙角，便无力再爬起身来。没多时好像听到有人叫自己：“李师兄，李师兄!”睁眼一看，身边有两名汉子搀扶着自己，眼前一碗热气腾腾的鸡汤。不远处站着一个主人模样的男子，头披棉猴儿，脚蹬云纹绣花高靴，身着貂皮大氅，十分富贵气派。

“李师兄，还认得小弟么?”听着耳熟，李治鱼定眼一看，脱口而道：“你不是信和的胡雪岩么?”

胡雪岩看着自己亲手导致的这幕悲剧，得意万分。他想：人生不过游戏，自己好像是个高明的游戏大师，玩弄他人在手掌之中，眼前再加一点儿劲，“神算李”便为我所用。接着，胡雪岩做出非常心痛的样子，顿足道：“小弟刚好路过，要去乡下拜访一个老朋友，不想遇到师兄病倒在此，真是意想不到。”

李治鱼咬牙切齿道：“都是姓赵的不仁不义，害得我无处吃饭，此仇不报誓不罢休。”

胡雪岩道：“君子报仇十年不晚，你我师兄弟钱庄出身，绝技为他人所用，到头反被一脚踢开，这账早晚要算，师兄且随我来从长计议。”

来到路边小店，胡雪岩叫来一个羊肉火锅，一盘白切鸡，一盘猪头肉，另有粉皮花生几样佐酒菜，满斟花雕，请李治鱼先饮。李治鱼也不客气，几杯酒下肚，恢复了体力。

胡雪岩问："李师兄，去乡下干什么呢？"

李治鱼叹道："就是割麦插秧，笨重农活，只求果腹而已。"

"可惜浪费一身银号绝技，却派不上用场，你真的甘心吗？"

"臭名远扬，没有人要我，只好认命啦。"

胡雪岩目光炯炯，逼视他道："如果有个人不相信那些，依然愿意请你回去做档手，你意下如何？"

李治鱼疑惑道："如果是这样，便是重生父母、再造爹娘，也不为过，但谁如此大胆，敢违抗同业的意愿？"

"此人不是别人，正是在下。"

"果真？"

"小弟和师兄同业同行，英雄惜英雄，对师兄一向敬佩有加，今日愿请师兄主掌钱庄，共同干一番事业。"

李治鱼愕然道："你在说诳语？何来那么多本钱？难道发了横财不成？"

胡雪岩笑道："不瞒你说，小弟自离开信和后，同一位贵人结为好友，受他委托办一家钱庄，正缺好手，师兄如果不嫌弃，可来做个档手，如何？"

李治鱼方知是实，绝境之中，逢此美差，求之不得，怎么会不答应呢？当下便感激涕零，要给胡雪岩跪谢大恩。胡雪岩忙扶住他说："自家弟兄，不必如此，今后务必同舟共济，共兴钱庄大业。"又拿出一个2 000两的折子给他，说："从现在起，师兄便是阜康钱庄的档手，每月定俸十两，年底另有花红，这折子拿去，爱怎么用就怎么用，定房子、购什物、雇伙计，任你支派，不够再说一声，我随时补上。"

一番真言实语，慷慨大度的安排，让李治鱼十分佩服，高叫道："雪岩老弟不必多虑，只看咱'神算李'的手段!"

胡雪岩道："从此以后，一条船上的人，同呼吸共命运，吃香喝辣，都在一块儿。"他内心明白：在钱庄事业基础上，自己本来就获得了一块无价之宝。

胡雪岩巧收神算子的手段既不光明磊落，甚至还有些卑劣，为那些崇尚道德之士所不齿。但自古"无商不奸"，胡雪岩能成就如此事业，自有其只要能达到目的而不择手段的招法。

[制胜秘法]

从古至今，古今中外，为争夺人才想尽办法的人很多。但使用的手段各异，难易程度各异，胡雪岩可以说个中高手，这在其巧收神算子李治鱼事中可见一斑。

制胜：

明确目标，坚定信念

人们无论做什么事情，终极目的就是“制胜”。树立了自己的远大理想和追求的目标，就能产生强大的前进动力。有了必胜的信念，才能增加必胜的信心，才能在前进中克服一个又一个的困难，战胜挫折和失败，最终让理想变成现实，到达成功的彼岸。

做好前期调研非常必要

昆曲《十五贯》很有名，讲的是苏州知府况钟断案的事。况钟是历史上有名的清官。

明宣德五年（1430），况钟担任苏州知府。那时候苏州府的税赋繁重，豪族官吏更是营私舞弊，弄得苏州民不聊生。况钟到任，第一次升堂办事，便有大堆公文等着他处理，况钟装作什么都不知道，左右请教，都照他们的意思去处理。这样一来，府衙的官吏们十分高兴，以为这个新来的知府不过是个糊涂虫。过了三天，况钟把府衙的官吏们召集起来，厉声说："那天我升堂，我什么事都征求你们的意见。你们不识好歹，阻挠该办的事，不该办的事偏让我按你们的意见办。你们这些家伙，长期以来，就这么营私舞弊吗？你们的罪行早该处以死刑了。"

说完，把几个为首的奸吏揪了出来，当场捶杀，并把那些贪虐庸懦者全都斥退。这一事件震动了苏州府，此后，官吏与老百姓，个个遵纪守法，吏治清明。况钟在任期间，兴利除弊，不遗余力，苏州百姓奉若神明。

况钟刚到苏州任职，因为不熟悉情况，所以先保持低调，使那些奸佞放松警惕，他则暗中了解情况。了解透彻后，他处理问题准、稳、狠，让所有的奸吏都害怕。

做重大决策之前，一定要搞清楚情况。春秋时鲁国的"曹刿论战"也是一种前期调研。齐国攻鲁，曹刿想为国效力，他去见鲁庄公，问庄公拿什么来抵抗齐军。庄公说自己平时有什么好吃的好穿的，都共同分享，人缘还不错。曹刿说这点小恩小惠，怎么好意思提呢？庄公挺不好意思，又说自己从不忘祭祀神灵。曹刿又说，现在这种状况，神也帮不了您的忙。庄公又说，尽心尽职、合情合理地处理百姓的事。曹刿这才点头，说这倒是件得民心的事，看来可以与齐国打上一仗。

曹刿做的就是战前的调研，看庄公得民心与否。不过他的调研在今天看来很粗放，既没有数据又无法用什么来衡量，无法量化，现在的调查公司比他要专业得多了。

在20世纪50年代，美国出兵朝鲜之前，除了美国兰德公司对这次战争进行的战略预测之外，还有欧洲的一家名叫德林的公司，不惜倾其所有，花巨资研究了有关朝鲜战争的问题。经过研究分析，该公司认为：如果美国向朝鲜出兵，中国也一定会出兵；如果中国出兵，美国注定要失败。

这一份研究报告的结论只有“中国将出兵朝鲜”这几个字，还附有380页的研究报告。在朝鲜战争爆发前8天，德林公司想把这一研究成果以500万美元的价格卖给美国对华政策研究室，但美方认为价码太高而没买，最后付出了沉重的代价。正如我们后来所知，美国盲目出兵朝鲜，中国马上派出了志愿军抗美援朝，美军惨败。

朝鲜战争结束后，美国为了不重蹈覆辙，仍然花280万美元买了德林公司的这项研究成果。

大型跨国企业在进入一个新的市场或者是开展一个新的项目之前，总是会不惜代价进行市场调研、整体策划、可行性评估等前期准备工作。如此一来，尽管前期耗资很多，可随后的发展便往往是一马平川了。

[制胜秘法]

为了省钱而不做市场调查，只凭感觉做决策，结果在发展过程中遇到了重重困难与阻碍，进退两难。切记事前准备工作需做完备！

眼界多宽事业多大

西汉高祖十一年（前196），中大夫贲赫上告淮南王黥布造反。高祖派人查验有据，召集诸侯问道："黥布反了，如何办?"众诸侯都回答说："发兵将他小子灭了，还能怎么办!"汝阴侯胜公私底下问其士客薛公说："皇上赐爵让他尊贵，分地封他为王，面南而称万乘之主，他为什么谋反呢?"薛公说："他必须反！皇上前年杀彭越，去年诛韩信，黥布和此二人同功一体，自认为祸将及身，所以谋反。"胜公对高祖说："我的士客故楚国令尹薛公，足智多谋，可以问他。"高祖于是召见薛公，求问对策。薛公为高祖分析形势，他说："黥布谋反并不奇怪。黥布有三计，若用上计，山东之地就不是汉朝的了；用中计，难分胜负；用下计，陛下可以安枕无忧。"高祖问："上计怎么讲?"薛公说："东取吴，西取楚，北取齐鲁，传檄燕、赵，然后固守，山东之地即非汉所有。"又问："中计怎么讲?"薛公说："东取吴，西取楚，并韩取魏，据敖仓之粟，塞成皋之险，则胜负难测。"又问："下计呢?"回答说："东取荆，西取下蔡，以越为后方，自己守长沙，则汉朝无事。"高祖说："那黥布会用哪一计?"薛公说："黥布以前是骊山的役徒，如今为万乘之君，他只会明哲保身，不会为天下百姓考虑，所以会用下计。”高祖说：“好！”于是封薛公千户，亲自领兵攻打黥布。

结果黥布果然用薛公说的下计，东击荆，荆王刘贾死于富陵（今江苏洪泽县西北），劫其兵，渡淮水击楚，将楚军打败，然后西进。同高祖兵在蕲（今河南淮阳县）相遇，汉兵击破黥布军，黥布渡淮水而逃，最后和一百来人逃至江南被人杀死。

薛公显然是把黥布看透了，算计得确切。黥布的确鼠目寸光，手下又没有出色的谋士，无法成就什么功业。

人们常说，思路决定出路，眼界决定境界，这种说法不无道理。要想让自己的事业更上一层楼，就要站在更高的地方。正所谓站得高才能看得远，多看、多听、多接触新事物。死脑筋的人不适应社会，在这个飞速发展的时代，绝不是危言耸听。

1993年的时候，新希望集团的刘永好同大邱庄的禹作敏曾有过多次接触。一次禹作敏问：“永好啊，我不懂，你如何管理在国外的那些工厂？我在外地办工厂都亏损……”刘永好说：“我没调查，我需要看一看。”

回来之后，刘永好的感觉就是：禹作敏在大邱庄时间呆得长了，所以他在中央电视台讲大邱庄是世界上最漂亮的地方，他说大邱庄的小伙子要娶美国的媳妇，他讲大邱庄的农业已经超过了美国……他失败的根源是——眼界太小，成为坐井观天的青蛙。

[制胜秘法]

山外有山，人外有人。不管你现在是不值一文，还是富可敌国，你都要看到世界上比你强的还有很多。只有开阔的视野，进取的精神，才能最终成就事业，立于不败之地。

目标要分段实施

战国时，七国争雄，秦国势力加强，经过几代国君的努力，终于一统天下。秦国以一国之力翦灭六国，这是一项多么伟大的事业！

汉代政论家贾谊在《过秦论》一文中，纵观秦国自孝公以来发愤图强的过程，我们从中可以看到秦国的发展路程。秦孝公在商鞅的辅佐下，“内立法度，务耕织，修守战之具，外连横而斗诸侯”，秦国夺取了魏国在黄河以西的土地。

孝公死后，武、惠文、昭襄三代国君又西举巴蜀，南取汉中，并向东扩展，让各路诸侯非常害怕。六国多次合纵抗秦，但难成体统，最后往往以割地赂秦而告终。

秦始皇即位以后，才正式拉开了灭六国的大幕。他先从最弱小的韩国开刀，然后由近至远，从南往北；先三晋，再荆楚，再燕齐，逐渐消灭六国。

秦国的统一大业不是在秦始皇开始的，秦国的历代先君其实为秦始皇打下了良好的基础。为了实现统一六国这个大目标，就要先实现一个一个的小目标，大事业就是这么做成的，任何事情都是聚少成多，由小到大的。

在工作中，我们经常会面对艰巨的任务或远大的目标。不要有畏难情绪，我们可以把大目标分解成若干个小目标，然后各个击破，不知不觉间，那个大目标就实现了。

日本人山田本一曾两次获得马拉松世界冠军，有人问他成功经验，他介绍了“分阶段实现最终大目标”的经验。

在每次正式开赛之前，山田本一都乘车沿马拉松路线从头到尾仔细看一遍。然后，自己筹划一下这40多公里全程分几段，每段怎么跑，每个阶段终点的标志是什么，是教堂、大银行、大宾馆，还是红房子、电视塔，等等。开赛枪一响，他就如同箭在弦上，以超过规定速度奔向第一阶段的目标，到达第一目标后，又用第二阶段规定速度奔向第二目标。40多公里的马拉松全程被他分割成10多个小段，规定了每个小段的最低速度。这样跑完全程就会感到非常轻松。

[制胜秘法]

达到目标无论有多么困难，若你能把它分成容易实现的小目标，你就能获得实现大目标的信心和力量！

先求稳定，后谋发展

刘备平定益州的第二年，也就是建安十五年，曹操攻打汉中，刘备立刻派出大量的情报人员严密地注意北方军情，并将张飞和马超两位经验丰富的大将，调往益州北区，严于防备。

不久，孙权的特使诸葛瑾，到益州拜见刘备，要求归还荆州。

刘备对孙权在他陷入益州军事僵局时，召回其妹孙夫人，而且差点带走阿斗非常愤怒。但由于使者是诸葛亮的哥哥诸葛瑾，刘备只好敷衍一下表示：“等我们攻下凉州以后，自然便会把荆州还给你们。”

诸葛瑾虽然深知这是推托之辞，不好强求，只好将刘备的意思回报孙权。

想不到，孙权听了大怒，当即下令大将吕蒙率军袭击荆南的长沙、桂阳、零陵三郡。

刘备获知军情，马上将益州交给诸葛亮及法正，亲自率五万主力部队返回荆州，指挥大局，并命令关羽率荆州军团由江陵南下，直入长沙郡军事重镇益阳，态度坚硬。

孙权的态度也很坚决，他下令鲁肃由夏口亲自南下益阳，准备与关羽硬碰硬，自己则进驻陆口，掌握军情变化，双方剑拔弩张，一触即发。

就在这紧要关头，传来北方陷于紧张状态的汉中战局，曹操获胜的消息。刘备大惊，害怕曹操趁势南下，益州可能有变，乃主动派使者与孙权谈判，双方议定平分荆州，以湘水为界，湘水以东长沙、江夏、桂阳三郡属于孙权；湘水以西零陵、南郡、武陵归属刘备，战争暂时得以缓和，孙刘联盟也得以再苟延残喘一段时间。

其实，视势而言，不仅刘备受到威胁，若汉中由曹操完全控制，紧接着东方的合肥战线，也势必告急，孙权同样危险在即。所以孙刘联盟战线，至关重要。

刘备的主力军不敢回荆州，而直接到达益州北方的江州巡视。这时张鲁已逃亡巴中，原益州参谋黄权向刘备表示，汉中丧失，巴西、巴东、巴中三郡便难以有效防守，三巴陷落，好像去掉益州的胳臂，情况更加紧急，因此不如与张鲁联合，紧守巴中，以对抗曹操势力南下。刘备立刻令黄权为护军，率军队北上迎接张鲁。

没想到黄权刚到巴中（今嘉陵江上游），张鲁已回到南郑，投降曹操了。

黄权立刻向三巴发动攻势，赶走曹操所任命的巴西太守杜沪、巴东太守朴胡和巴郡太守任约，将巴中完全置于刘备阵营的控制下。

此时曹操也派大将张衙，出兵经营三巴，并进驻岩渠。刘备让巴西太守张飞率军迎战，双方对峙五十余日，张飞用计击溃了张衙，张衙兵还南郑。表面的安宁下酝酿着更大的斗争，刚获得休息的刘备与他的军团，又不可避免地卷入了一场和北方曹操展开的汉中争霸战中。

[制胜秘法]

"稳"是很深的一门学问。益州初定，诸葛亮急于稳定中央的人事与法制，刘备则常到州中各郡巡视，来控制益州。但最让刘备和诸葛亮担心的是东方的孙权与北方的曹操，孙曹对刘备同时拥有益、荆两州，颇为眼红，经常出现"挑战"性的动作，让尚未稳定下来的刘备及诸葛亮不禁胆战心惊，小心应付。

智抓关键，方得成功

不管有什么样的问题，要有敢于打破沙锅问到底的精神，这样才能马上见效。刘墉是怎样做的呢？刘墉任湖南巡抚时，正是乾隆查禁"违碍书籍"的关键时刻，刘墉作为督抚大员也同样参与了这个活动。特别在尹嘉铨（官至大理寺卿，正三品）为父请谥并从祀文庙案中，刘墉就从按军机处开列的尹嘉铨著作书目入手，在全国范围内大规模地搜缴"违碍书籍"。

乾隆四十六年（1781），全国范围内的文字狱高潮本应该低落，不料直隶地方却平地起风波，制造了一起文字狱——尹嘉铨著书案。

这一年的阳春三月，乾隆帝巡查五台山，在回京的路上，驻在保定。退休家居的原任大理寺卿尹嘉铨趁机递折，为他的父亲尹会一请谥，同时请皇帝同意尹会一从祀文庙。尹嘉铨无论如何想不到，这会给他招来杀身之祸。

尹会一到底为人如何？他籍隶直隶博野县，乾隆初年任河南巡抚，名声很好。他又是雍乾之际有名的讲道学之人，曾写过很多论述天理性命的著作。这个人孝心很佳，做官的时候凡有善政，必定归功于母亲；回乡家居，搞一些置义田、设义仓、兴义学之类的慈善事业，也说是母亲的心思。母亲去世的时候，尹会一已经五十多岁了，仍然头枕土块，躺在席子上睡觉，严格遵守所谓“寝苫枕块”的居丧古礼，人们非常感动。当时人们都认为他和康熙朝三位讲道学的名臣——汤斌、陆陇其与张伯行不相上下。

尹嘉铨自幼生活在这样一个道学家父亲身边，耳濡目染也开始讲起道学来。长大后步入仕途，更以承接道学传统为己任，得意时说他是孔孟之后。尹嘉铨在仕宦生涯中没有发展，刚好在于他总是不忘大讲其道学，而当时讲道学并不符合“圣意”，有悖于时代的潮流。直到退休回家还是深念道学。这次借乾隆西幸，路过家乡，便恭恭敬敬缮具两本奏折，让他第三子候选教谕尹绍淳送到保定皇帝行辕。

三月十八日乾隆先看了他的第一件奏折。尹嘉铨奏称，家父生前孝行感人，曾蒙皇上赐诗夸奖，如今去世三十余年，请照乾隆元年特谥陆陇其“清献”二字之例，按御制诗内字样，也赐家父一谥。尹嘉铨的意思是，为父请谥，成则博孝子之名，就算不同意也不会有何差错。这点私心岂能瞒得过乾隆，他平日对道学家的好名就很不以为然，对于“满口仁义道德，满肚子男盗女娼”的假道学更是嗤之以鼻。大臣死后，赐谥至关重要，因为它关乎死去大臣一生应做何评价，因此特由内阁议定撰拟，皇帝亲自圈定。若尹嘉铨为博取孝名而请谥，那还成何政体？想到这里，乾隆提起朱笔在尹嘉铨奏折折尾批谕：“与谥乃国家定典，岂可妄求？此奏本当治罪，出于对父亲的孝心，姑免之。如果不安分家居，汝罪不可逭矣！”

没想到尹嘉铨还有一折！这个折子先从本朝陆陇其一人从祀文庙说起，然后引出家父生前曾有汤斌亦应从祀的心愿，至结尾才点明，不仅汤斌，而且李光地、范文程、顾八代、张伯行也都在汤斌之亚，还有家父尹会一，也统通应请准一并从祀孔庙。乾隆读到这里，忍无可忍了，在尹折上奋笔疾书：“竟大肆狂吠，不可恕矣！”

当天乾隆马上召见军机大臣等，将经朱批的尹嘉铨的两个折子传阅，同时做了如下的指示：马上革去尹嘉铨顶戴，锁拿解京，交刑部治罪，查抄其博野原籍赀财和在北京家产。乾隆帝特别交代：查抄时资产物件还在其次，若有狂妄字迹、诗册及书信等务须留心搜检，据实奏出。

军机大臣面承旨意后立刻行动，首先传谕直隶总督袁守侗派出臬司郎若伊等前往博野逮捕尹嘉铨，办理查抄的事务，其次拟写两则上谕：其一“明发”，通过内阁传谕中外将尹嘉铨治罪的缘由；其二“廷寄”，命令在京大学士英廉“即速亲往严密查抄”尹嘉铨在京家产。两件旨稿经乾隆帝亲自核准后，一件由兵部封发，一件发交内阁，并作为“日行六百里”的急件，连夜送至京城。

三月二十日，天刚刚亮，大学士英廉便接到上谕。按旨，他把书籍信件作为查抄的重点。从二十日到二十二日用了两天时间在尹家各屋中共查出书 311 套、散书 1 539 本、书板 1 200块、未装订书籍 1 柜，和书信一包共 113 封。将如此之多的书信都放到一间大室里面，专派两名“曾查办过书籍之事”的翰林逐细搜检其中的“狂妄字迹”。

三月二十七日乾隆回至圆明园，第二天大学士三宝等会同刑部开始审讯尹嘉铨。从审讯的重点中人们才明白其中的原委。

原来，乾隆之所以要剥掉尹嘉铨的道学外衣，治他一回，不是反对道学。对于提倡纲常名教、维护帝王独尊的道学本身，乾隆是赞成的，岂止赞成，真可谓尊崇备至。不过仅仅尊崇而已，却不让大小臣工学朱、程、王、陆的样，也大讲其道学。他从历史经验中知道，讲学之风一开，便会危及统治。宋儒明儒聚徒讲学，好发议论，议论不同，则分成派别门户，门户之争就会引发朝臣朋分角立，朋党互相水火，党同伐异，不把皇帝放在眼里，结果小则紊乱朝政，大则倾覆宗社。

因此，乾隆得出了这样的结论——“古来以讲学为名，致开朋党之渐”，便在打击朋党的政治斗争中，反对讲学。他训诫大小臣工、读书士子对道学只要躬行实践、埋头潜修就行了。所以当时谁要以道为尊，满口仁义道德，轻则受到社会舆论的讥讽，重则招致杀身之祸。尹嘉铨却出人意外地冒了出来，自己讲学还罢了，又不知深浅地奏请皇帝尊崇，重新煽起讲学之风，乾隆怎么能不赫然震怒？他授意承审官刨根问底，不在于把一个尹嘉铨搞臭，而是借此败坏一切讲道学人的声誉，防止因学术见解不同而引发朋党死灰复燃，这叫杀一儆百。

当然，尹嘉铨倘若只是简单的假道学不足以致死，而负责查阅书籍的翰林们已从尹嘉铨所著各书中签出“狂妄字迹”131处。看后，乾隆认为下面几条最关紧要，命承审大臣严加审问。

首先，尹嘉铨在他的著作中写道：“朋党之说，起而父师之教衰，怎么能让天下服我？”他的意思是，朋党往往以门生和座师的关系为纽带形成，反朋党的结果势必削弱“父师之教”，不利于皇权独尊。乾隆帝认为他有意与皇考世宗（雍正帝）的《御制朋党论》唱反调，况且“古来以讲学为名，致开朋党之渐”，尹嘉铨推崇“父师之教”，来提倡讲学，反以朋党为是，不知居心何在？

其次，尹嘉铨仿照南宋朱熹的《名臣言行录》，也编一本《名臣言行录》，把清初以来的名臣，如高士其、高其位、鄂尔泰、蒋廷锡、史贻直、张廷玉等人都放在上面。乾隆帝认为，以本朝人标榜本朝人物行不通，列若，他的子孙自然感激；不者，他的子孙就会抱怨，如果结为恩怨，门户、朋党之风就会复起。此外，朱子编《名臣言行录》是在宋朝南渡衰微的时候，而今国家全盛，乾纲独断，哪里还有什么“奸臣”与“名臣”这个说法，乍一听很难理解，细细品味又不难明白乾隆帝的逻辑：朝廷上有奸臣擅政，自然衬托皇帝的昏庸无能，而若有名臣，也证明皇帝很不够格，未能大权独揽，还要外人相助。

再次，尹嘉铨在所著书籍中把协办大学士、大学士称为“相国”，虽是习称，无关宏旨，乾隆帝却挑剔说，宰相之名从明太祖时已废置不用，本朝自皇祖（康熙）、皇考（雍正）至朕临御46年以来，权柄不移、太阿在握，没有任何事受过大学士的襄赞？他还通过这件事郑重告诫后代，都要以他为榜样，不许倚靠大臣。

从尹嘉铨的著作中，乾隆还挑出不少问题。如尹嘉铨模仿孟子“为王者师”的说法，在书中写有“为帝者师”四个字，乾隆说他学问浅薄，让大臣们评论，尹嘉铨“能为朕师傅否”？尹嘉铨自号“古稀老人”，“古稀”二字典出杜诗“人生七十古来稀”，不巧乾隆也恰逢七旬大寿，自称“古稀天子”，又写了《古稀说》颁示天下，把“古稀”垄断了。年到七十的尹嘉铨却不知眉高眼低，也以“古稀”自号，结果被训斥为“妄”。诸如此类的莫须有罪名还有许多，不过是为杀尹嘉铨多找些冠冕堂皇的借口罢了。乾隆四十六年四月十七日，九卿、大学士等在反复审讯后，奏请将尹嘉铨照大逆律凌迟处死，亲属也受连坐。托辞是他“托名讲学，妄比大贤，谬多著述想欺骗边人，又复妄列名臣，混淆视听，隐启朋党之渐还妄称‘古稀老人’，这一些令人咬牙切齿”。

乾隆命加恩免其凌迟，改为绞立决，亲属一并加恩免其连坐。同时命各省查缴销毁尹嘉铨著述共 82 种，其在各地的碑崖石刻及拓本也都铲削磨毁。这次查缴工作，从乾隆四十六年三月起，到当年十二月才基本结束，可见历时之长久。

刘墉正是按军机处开列的尹嘉铨著作书目，在全省范围内开展了大规模搜缴活动的，只不过他搜查的范围比规定的 82 种更为宽泛。根据他在乾隆四十六年九月所上《奏为重缴应毁遗书事折》，他这次上缴书共计 159 种 3 400 余部，并表示“现加意查缴，以期净尽，此后如有续缴书籍，照旧校阅解缴”。并称“湖南省志及府州县志书悉经磨勘，只要应行芟节之处，都逐条删削抽换另刊”。可以看出他是如何卖力！

因此，刘墉在乾隆大规模查缴、销毁所谓“违碍”、“悖逆”书籍活动中，是尽职尽责、竭诚效忠于乾隆，认真落实政策，参与制造打击文人学士的恐怖活动，留下了无法推脱的罪责、难以换回的遗憾。

[制胜秘法]

所谓智抓关键，是指一定要把棘手的问题从头到尾搞清来龙去脉，找出症结所在。此法见效快非雷厉风行之人不能为，而往往这样的人才是让人敬重的人。

认准目标，大胆出击

敢作敢为的人常说：“我总有机会!”失败者的借口是：“我没有机会!”失败者常常说，他们之所以失败是因为没有机会，是因为没有成功者垂青，好的机遇让别人抢走，等不到他去竞争。

可是有眼力的人决不会找这样的借口，他们不等待机会，也不向亲友们请求，而是靠自己的努力去创造机会。机遇只垂青那些有准备的人。

亚历山大在一次战胜后，有人问他，是否等待机会来临，再去进攻另一个城市，亚历山大听了这话，竟大发雷霆，他说：“机会？机会是自己创造的。”创造机会，便是亚历山大之所以成功的原因。因此，只有去创造机会的人，才能成就功业。

一些总是在等待机会的人是不会有机会的。一切努力和渴望，都可能因等待机会而付诸东流，而那机会最终也不可得。

有人认为，机会是成功的钥匙，一旦有了机会，便能稳操胜券，走向成功，但事实并不这样。任何事，就是有了机会，也需要不懈的奋斗，这样才有成功的希望。

乾隆二十四年（1759）九月，刘墉调任江苏学政，对该省吏治风俗多有观察，敢于揭露其中的弊端，提出很多建议都让皇帝感兴趣。

作为清代学术与文化的中心，这里的风土人情以及他们对朝廷的态度，直接关系着清朝统治能否获得稳定与加强。所以，历代皇帝和大学士对该地区都非常重视，康熙和乾隆六次南巡，很大程度上就是为了笼络东南士民，强化对该地区的控制。乾隆时期，大学士尹继善在东南地区长期担任总督与巡抚，有27年，其原因在于尹继善精于文学，善于通过以文会友和文人学士联络感情，因而深获当地士人的拥戴，他在东南的政绩成为文治政策的典范之一。

江南地区高雅的文化要求地方大吏不但要清正廉洁，而且要懂得宽缓为政，顺其自然；不但要推崇儒家政教，而且要懂得引导风流，奖扬斯文。派具有深厚儒学素养与文学修养的尹继善到江南为官，可以说用对了人，时人称尹继善“就论风雅已压群公”。“在江南地方推行仁政，百姓乐业，官吏倾心，不敢稍微违犯法律”，当老百姓听闻尹继善要到江南任职，欢呼高兴，“奔走相告”，他去边时，东南悲声一片，“军民悬画像，士女咽悲喉”，就反映出他十分清楚治理两江地方的诀窍。于此，精敏的乾隆皇帝心知肚明，所以他说：“满洲科甲官僚中，文学正合……尹继善是第一。”

刘墉能被分到江苏这样一个文化大省做学政，充分体现了乾隆对刘墉在安徽学政任内工作的声名，及对刘墉管理学务能力的信任。这只是一点。另一方面是，刘墉有在江苏开展工作的有利条件。

刘墉的父亲刘统勋从前多次负责南河河工，在苏时间长，熟知那里的风土人情；刘家在江苏拥有很多的朋友与门生故吏，像前面提到的江苏文化名人大多和刘家有这样那样的关系。时任两江总督的尹继善也是刘统勋的同僚与朋友。乾隆二十五年（1760）秋，也就是刘墉到任的第一年，前辈钱陈群为送主试江南的儿子钱汝诚返至江宁，遂招往江宁出差的刘统勋，在尹继善的府衙聚会。

此次聚会，尹继善曾赋诗多首和钱陈群相戏谑，其中一首诗：

一曲寒流抱小洲，荒亭散步也优游。
唯看红叶遍经雨，未赏黄花已至秋。
北去有人随远雁，宵来无语望牵牛。
适逢扶杖鸳湖叟，笑问何时回八驺？

由此可见三人关系非同一般。有此良好的社会关系，又有安徽学政的三年经历，刘墉主持江苏学政工作自然顺手拈来。

刘墉这次视学江苏，非常认真，考取生员非常严格，诸联《明斋小识》就记载说："往日刘石庵相国视学江苏，严肃峻厉，人多畏惮，到四十二年复任江苏，则宽厚平和，同前次不轻易取悦秀才，迥然有别，就算年龄不符的人，也给予赏衣顶，并能对科场运气好的人给予照顾。"由此可窥见其风格及其变化。

刘墉还认真考察当地的风俗民情，官场习气。乾隆二十七年秋天，刘墉在离开江苏省前夕，将此向上汇报，算是对他观风察俗工作的一个总结。当中尤其谈到了对监生的管理等问题：

监生中有喜欢生事，胆大妄为者，府州县官多有顾忌，并不加惩处。导致他们不仅害怕刁顽百姓，且害怕蛮横的监生，狡猾的胥役。对于监生案子既无法及时审断，又不想明定是非。确定罪责之后，应斥责革退监生。若不责革，属疲玩不堪，讼棍奸吏因此得以行其奸谋。不只是他们目中已无学政，甚至有心欺诈。

此疏深受乾隆的重视，乾隆在随后下达的上谕中指出：

刘墉所奏，切中该省吏治恶习。江南士民风尚，多属浮靡好事，当地，又加以疲沓姑息，才会导致此等恶习日趋严重。所以，近来封疆大吏懈弛弊端，直省中唯有江南最为严重，这本非刘墉一人私下看法。陈弘谋、尹继善在督抚中外任时间最长，而且向来好以无事为福，况且经历事情既多，也知事理。他们所辖官员又大半属往年旧属，因循生玩，一般遇事姑容。甚且狡猾劣员，近来借口办差，有意延搁公事者更不而足。积习颓靡，不知振刷。此等情状，就算当面责问尹继善、陈弘谋，他们也应当难以自解。

况且督抚为属僚表率，既然上司就不能有所振作，那么所有下属又有谁不承风？至于上行下效，形成怠惰之风，谁负责任？则朕唯于督抚是问耳。尹继善等当以此痛除旧习，刻自振作，如果州县官确有怠玩相沿，像刘墉所奏各情节，就当严行体察，据实参奏。如果不知自改，而转以被揭怨恨他人，更难逃朕洞鉴。

后来，刘墉多次谈此事，对乾隆影响很大。

[制胜秘法]

一个人会碰到很多困难的事情，进与退，这两种不同的选择自然有不同的结果。有些人则有一股韧劲，认定了就大胆而果敢地去做下去，这叫气魄。

树立远大理想

孔子少有远志。他说："吾十五有志于学……"长大以后，做过管理仓库与牧场的小官。他做得很有成绩，受到了鲁国权臣季氏的赏识，晋升到了士大夫阶层。

那时候，周天子地位衰微，诸侯专事征伐，天下礼乐崩坏。孔子立志救世，建设一个充满仁爱、天下一统，用礼法维持的有秩序美好社会。他在50岁的时候，做了鲁国的中都宰，这让他有机会实施自己主张。任职才一年，就把中都治理得非常出色，四方的官吏都去向他学习。后来，他升做大司寇，并代行国相，参理国政。只三个月，鲁国就变化很大，商人不再哄抬物价，百姓恪守礼法，社会稳定。这期间他还为鲁国做成两件大事：一是他在齐、鲁两国君主会盟时，使强大的齐国归还了侵占的鲁国领土；还有一件是拆毁了鲁国三个权臣中的季氏和叔孙氏的城池让鲁君的地位得以强化。孔子参与国政的时间不长，但是他"救世"，却做得很见成效。

此时，齐国怕鲁国的强盛不利于自己，就向鲁君送"女乐"，使鲁君无心治国。孔子见自己的理想在鲁国已无法实现，就决心带领学生到其他国家，宣扬自己的救世主张，谋求得到诸侯的任用。

那时候，各诸侯国几乎都是由权臣和大氏族执政，他们怕诸侯任用孔子，威胁自己，都极力排斥他，有的人又害怕别国任用孔子，不利于自己国家，还加害于他。孔子到卫国后，有人带着手持兵器的吏卒来恐吓；楚昭王打算任用孔子，给他封地，遭到令尹（即国相）子西竭力反对；孔子到宋国讲道习礼，司马桓魋派人害他。孔子还数次受到围攻，差点儿送了性命。他在各国之间奔波，历尽艰辛，席不暇暖，但是始终坚持理想，就算是身处绝境，也从不气馁，决不屈服。有一次，孔子在陈国、蔡国之间遭到两国大夫的围攻，多日没有进食，他的学生连饿带病，都倒下了，孔子却依然弹瑟吟唱，毫不灰心。学生们看到孔子身处逆境，却依然坚定乐观，都非常敬佩。颜渊说："我们老师的理想，不为世人所理解，但是老师却仍然竭尽全力地推行，这才是真正的君子啊。"

有一些隐者，自以为是看透世事的"达人"，讥笑孔子是热心救世，说他是在做根本做不成的事，所以到处碰壁，如一条丧家之犬。还劝说孔子的学生不要继续追随老师，也去归隐山林，等待清平盛世的到来。孔子教育学生说："不要与兽共处，若天下太平了，我就不会同你们一起去改变这个世道了。"

孔子在各国奔波，常常寄人篱下，处境非常困难。他到齐国以后，齐景公打算赐予他廪丘作为食邑，他却坚决推辞没有接受。他对学生说："我劝景公听从我的主张，不听从，却要赏赐给我廪丘，太伤我心了。"他的最高理想是救世，不是贪图荣华，孔子又离开了齐国。

孔子周游列国14年以后，见自己的主张不能为诸侯所用，就回到鲁国，从事教育。他打破传统，在平民中招学生，培养了很多有才学、有品德的学生，当中的一些人被诸侯所任用，这些学生继承老师之志，奋斗不息。

孔子为救世奋斗一生，大志未成，但是他忧国忧民，为理想执著奋斗，威武不能屈，富贵不能淫的崇高精神，成为后人的典范。

孔子成了中国古代最伟大的教育家，就是因为少有大志。

刘勰贫而有志，写成千古名著。刘勰是南北朝时梁朝的文学理论批评家。刘勰的父亲刘尚曾任越骑校尉，早逝。尽管刘勰家中极为贫穷，但他笃志好学，博经通史，认真攻读。因为收入甚少，也自然娶不起媳妇，平时的生活也大多依靠寺庙的僧人供给。虽然这样，他撰写的文学理论巨著《文心雕龙》为他赢得了很高的声誉。这是他忍受贫困发愤而成的大作。

刘勰生活的南北朝时期，盛行门阀制度，出生决定地位。像刘勰这样出身贫寒的平民子弟，在当时自然无人知晓。以刘勰这种社会地位，《文心雕龙》写成后，不为人知，不足为奇。可刘勰却十分自信，深知自己著作的价值，决心设法改变这种局面。

沈约是当时的文坛领袖，声望非常高，刘勰想借他评定此书，来赢得声誉。但沈约身为名流，刘勰一个贫寒的读书人，见一面如登天一般难。刘勰聪颖过人，想出了一个主意。

一天，刘勰事先打听到这天沈约有事外出，便背上自己的书籍，装成街头卖书小贩，早早等候在离沈府不远的路上。当沈约乘坐的马车经过时，刘勰乘机兜售。沈约本来就喜欢书，当即停下车来，顺手取过一阅，见是新书，便随手翻看起来。

这一看，沈约竟被深深吸引住了，立刻买了一部带回家去，放在案头认真阅读。在以后上流社会举行的聚会中，经常向人推荐。当时文坛人物见沈约对《文心雕龙》这样推崇，大家争相传看，群起仿效，刘勰很快便名声大噪。

刘勰是贫而有志的典范，他把自己的精力放在著书立说上，真正地做出了他的一番事业。刘勰如果不能忍贫，或者怨天尤人，或自暴自弃，或是攀附权势，整天把时间花在这上面，不可能有这样一部《文心雕龙》留传于世，所以立志是成就事业的前提和基础。远大的理想是动力的源泉

人要为自己设计理想，它能够给人以希望，激发人们瞻望未来，增强信心，克服困难，让人产生强大的动力。自古成大事者，没有一个是没有崇高理想而自然成就的。

所以，理想能够产生强大的动力。

苏洵27岁立大志，奋斗二十余年终于成才。苏洵是北宋著名的散文家，他与他的两个儿子（苏轼、苏辙）都凭借文学上的成就享誉天下，被后人称为宋代“三苏”。

苏洵在27岁那年的一天，正如往常一样随手翻书阅览，无意中发现一篇关于古人爱惜时间、刻苦攻读的故事。细读一遍，感到这故事很生动，又复读了一遍，更加感到有意义，于是他反复读了好几遍，每读一遍，都有不同的收获。他觉得这故事好像是专为自己而写，不由得心中发出感叹：“时光无情地飞逝，我已是而立之人，自己虽然写过一些文章，却都是些平庸之作，没有什么大的建树。”他想：现在不努力，更待何时！从这时起，苏洵便开始发愤苦读。经过一年多时间，他觉得自己学习进步很大，就匆忙地参加录取秀才与进士的两场考试，但两次考试都落了榜。这件事对他的打击很大，不过，他重新振作起来，但他陷入沉思，不知道从哪里做起。

有一天，苏洵在书房里整理书稿。面对这些书稿，他深知自己的不足，因为他对自己的书稿也感到不满意，如何让它们在世上告阅？于是他将这数百篇书稿统统抱出屋去，焚毁了它们。他之所以这样做，是为了坚定从头开始的决心。焚稿后，他如同放下一个沉重的包袱，更加轻松愉快地刻苦学习了。苏洵时而在家闭门苦读，时而奔走四方，求师访友，忙忙碌碌，以至后来他两个儿子的学习都要靠他妻子教导。

历经多年的奋斗与努力，苏洵已经阅读了大量的书籍，既精通《五经》和诸子百家学说，又同时对古今是非成败的道理进行探讨，有了丰富的知识积累，再写起文章来，简直到了“下笔顷刻数千言”的程度。他的许多论文都受到学者的赞赏，他自己也真正体会到成功的乐趣。这时他的大儿子苏轼、二儿子苏辙也都长大成人，而且在他的影响下才华出众。他就带着自己写的论文与两个儿子到京游学。当时，文坛领袖欧阳修担任翰林学士，很赏识他，认为这是当时最好的文笔。欧阳修最注重才识，这次更不例外，于是他把苏洵的22篇文章引荐给朝廷，受到朝廷的重视。一时间，朝廷上下震惊，京城内外的学者对他的文章赞赏有加，争相效仿。苏洵这位晚学成才的散文家，自此天下闻名。直到很久以后，社会上还广泛流传着赞美苏洵文章的民谣：“苏文熟，吃羊肉；苏文生，吃菜羹。”

对于大器晚成的苏洵来说，想要克服前进中的困难，阻力很大，是一件并不容易的事情。他年近三十，早为人父，还要刻苦攻读，终于成才，就是因为理想远大。远大的理想是战胜千难万险的巨大动力。

若没有远大的理想，在艰难的环境下，就会想到放弃，或者半途而废，或者误入歧途。如果有了远大的理想，就可以克服前进中的任何困难，争取胜利。

司马迁立志编史书，忍奇辱廿年成巨著。司马迁从小受父母的影响，诵读古文，饱读经书，20岁就周游全国，考察名胜古迹，山川物产，风土人情，访求前人轶事掌故。后又继任太史令，得以博览朝廷藏书，档案典范。太初元年根据父亲遗志着手编撰史书。

正当司马迁努力写作之际，不幸的事情发生了。天汉二年，名将李广之孙李陵率兵五千出击匈奴，开始喜报连连，满朝文武都向武帝祝贺。但几天以后，李陵被匈奴军队围困，寡不敌众，被匈奴俘虏。前几天赞美李陵的文武大臣反过来怪罪李陵。司马迁替李陵辩护，触怒了汉武帝，被打入天牢。按照西汉的法律，大夫犯罪，可以以钱赎身，但司马迁家里贫穷，短期内难以拿出赎金；往日亲近的朋友，谁也不敢替他说情或帮忙，最后司马迁受到了宫刑。

出狱之后，司马迁就任中书令，这种职务向来都是由宦官担任的，对士大夫来说可算得上是一种耻辱。司马迁的朋友任安在狱中给他写信，非常不理解他的行为。司马迁回信说："我并非怕死，每个人都有一死，或重于泰山，或轻于鸿毛，若我现在死了，无异于死了一只蝼蚁。我之所以忍辱苟活，是因为撰写史书还未成功。从前，周文王被困羑里才推演出《周易》，孔子被困于陈蔡才作出《春秋》，屈原被放逐于江南才写下《离骚》，左丘明失明之后才完成《左传》，孙膑被削掉膝盖骨才编著《兵法》，吕不韦被贬于蜀地才作出《吕氏春秋》，韩非被囚禁于秦才写出《说难》、《孤愤》啊！我要效法他们，完成我的书啊！到那个时候，就可以抵偿我的屈辱，就算碎尸万段，我也无怨无悔了！"

经过20年的奋斗，司马迁终于完成了名垂千古的《太史公书》，后人称之为《史记》。

如果没有远大的理想，以司马迁的为人与封建社会的环境，他肯定会自杀成仁，而不会忍受耻辱。那样，他就不会写出，也就没有后来的《史记》了。所以确立人生目标树立远大的理想对人生至关重要，我们每个想成功的人，都应该确立实事求是的奋斗目标。

宋濂人穷志不短，苦学一生成事业。宋濂（1310—1381年），字景濂，号潜溪，散文大家。

宋濂年幼时，家境清苦，但异常勤奋。他自己在《送东阳马生序》中讲："我小的时候非常好学，可是家里很穷，买不起书，别无他法，所以只能向有藏书的人家去借，借来以后，就尽快抄录，每天拼命地赶时间，计算着到了时间好还给人家。"正因为如此他才学到了丰富的知识。

有一次天气特别寒冷，北风狂呼，冰天雪地，连砚台里的墨都冻成了冰，家贫，哪里有火来取暖？手指冻得都无法伸开，但他刻苦攻读，借来的书坚持要抄完好赶快送回去。抄完了书，天色已晚，没有办法只能冒着严寒，一路跑着去还书给人家，一点儿不敢超过约定的还书日期。因为这么诚信，大家都愿意借给他书。他也正因为这样博览群书，增加见识，才为以后成材奠定了基础。

面临贫困、寒冷、饥饿，宋濂不怕苦和累，因为他所追求的是成就大业。

后来他觉得这样学习下去不是长久之计，于是就到学校里拜师学习。一个人背着书箱，拖着鞋子，从家里出来，走在深山峡谷之中。寒风吹得他东倒西歪，大雪把脚的皮肤都冻裂了，鲜血直流，他毫无知觉。等到了学馆，四肢僵硬得不能动弹，人几乎冻死，学馆中的仆人拿着热水把他全身慢慢地擦热，用被子盖好，很长一段时间，他才有了知觉，暖和过来。

因为求学，宋濂住在旅馆之中，一天只吃两顿饭，什么新鲜的菜，美味的鱼肉都没有，生活十分艰辛。他的同学都华服奇丽，腰里佩着玉环，戴着有红色帽缨镶有珠宝的帽子，右侧戴着香袋，左边佩着宝刀，光彩夺目，装扮得如神仙下凡一样。但是宋濂不以为乐，丝毫也没有羡慕他们，而是穿着自己朴素无华的衣服，不卑不亢，照样刻苦学习，因为他自有认为快乐的东西，那就是知识。他根本没有把吃的不如人，住的不如人，穿的不如人这种表面上的苦当回事。

正是宋濂能忍受穷苦，确立了自身符合实际的人生理想，经不懈努力奋斗才成为一代散文大师。

［制胜秘法］

倘若人们没有高远的志向，就不会有卓越的成就。倘若没有高远的志向，也就不会磨炼自己，刻苦学习，培养才能，难成大器。

树立远大的理想不分境况，顺逆皆能。“穷且益坚，不坠青云之志。”无论身处何处，都应树立远大的理想。远大的理想是成就事业的前提。

理想是奋斗目标，个人与团体、民族与国家，只有确立了目标，才有可能实现。若根本没有奋斗目标，没有前进的方向和动力，就无法到达成功的彼岸。

制己：

方己圆人，中庸处世

人要达到自己的目的，高调处世并不是最佳之道。要善于控制自己的情绪，去善意地感化影响他人。每个人都会有自己的缺陷和弱点，但每一个人都有自己的强项。要克服自己的缺点，学习别人的优点。尊重他人，并不是一味地无原则地退让；学会坚忍和等待，在低调内敛的同时，要蓄积力量；机遇来临之时，勇敢出击，摘取成功的桂冠。

精明处世，优游从容

贾诩，字文和，原本是武威郡姑臧（今甘肃武威）人，孝廉出身，少有才智，初仕为郎官（汉时对中郎、郎中、侍郎等官的通称，贾诩当时究竟为何官，无从考），后来做太尉段颎的掾史。太尉段颎是他的第一个主子。在段颎手下表现如何，没有明确的记载。但段颎是自杀而死的，段颎的死对贾诩的仕途无伤大雅。

董卓进洛阳后贾诩做了讨虏校尉（校尉是低于将军高于都尉的武职军官，讨虏是加在校尉前的名号），那时候他在董卓女婿牛辅的军中。牛辅死后，他名义上是士兵，事实上已裹在李傕等董卓的部将中，李傕实际上成了贾诩的主子。

当李傕等人想解散军队逃跑时，贾诩劝阻道："听说朝廷准备把你们凉州人全部杀了，若你们单身逃亡，一个亭长就可以捉拿你们。我看干脆率兵杀向长安，胜利了便可控制朝政，失败了再逃亡也不迟。"

后来事情的发展证明了贾诩的意见是对的，李傕等人驱逐了吕布，杀了王允，一度控制了朝廷。贾诩不但救了李傕等人，也救了自己，一则因为贾诩本来也是西凉人，二则当时他正在董卓部将的队伍中，若当时李傕等人解散部队只身逃亡，李傕难免被捕而被处死，贾诩也会身遭不测。

但李傕并不是什么有雄才大略的人，他之所以成功是因为对手一时失策。所以贾诩先后拒绝李傕以皇帝名义赐予他的侯爵，只是做了尚书（尚书仆射或尚书令手下的官员）。李傕等对他很敬畏。贾诩做了很多力所能及的辅佐汉献帝、保护皇帝、匡济时政与大臣的事。

汉献帝建安元年（196），汉献帝被军阀杨奉等威胁离长安回洛阳，贾诩主动辞官，缴还自己的印绶，前去投靠军阀段煨。段煨与贾诩同乡，当时驻军在华阴（今属陕西）。

段煨是混战的军阀中非常民主的一个，他注重农业，不干剽掠百姓的事。汉献帝东还洛阳时，他贡献财物，以礼迎送，后来做到光禄大夫。但当时贾诩名望已高，段煨害怕贾诩夺取兵权，虽然对贾诩恭敬备至，但暗地里对他非常戒备。

贾诩见机而作，决定离开段煨以避祸。但他要走得值得，要走得光彩，让迎送双方都满意。

那时候张绣拥兵在南阳（治所在今河南南阳），实力比段煨大。贾诩派人与张绣联系，张绣派人来接贾诩。有人劝他："段煨对您那么好，您还要到哪里去呢？"那人大概是贾诩至亲或至交，所以贾诩说了自己的真心话："段煨性情多疑，心中忌我几分，虽待我热情，我却不能长久在他手下，否则会遭他暗算。我离开他，他必定高兴，我对于他又有利用之处，所以必然对我留下的老婆孩子厚待。张绣有兵有地，但无谋主，也真诚欢迎我去，如此一来，我家属和自身两者都安全了。"

贾诩的分析是精明的，行动是正确的。

贾诩到了张绣那里后，张绣把他视作师长。张绣成了一个对他违命是从的主子。于是贾诩又换了一个主子。

但张绣的才略与土地兵力一般。到了袁绍和曹操官渡大战时，袁绍派人来招降张绣，又是贾诩在陪同张绣接见袁绍使者的座位上不等张绣表态就大声说："你回去告诉袁绍，他和兄弟之间都不能相容，还能容纳外姓人吗？"张绣当时非常惊讶，又私下问贾诩："我们该投奔谁？"

贾诩当即表示，应投奔曹操。张绣表示曹操实力不如袁绍，而且他以前曾同曹操做过对头，打过仗，怎么能投曹操？贾诩言惊四座：正因为如此才要投奔曹操。他分析道：“夫曹公奉天予以令天下，其宜从一也；绍强盛，我以少众从之，必不以我为重；曹公众弱，能得我们必然高兴，其宜从二也；夫有霸王之志者，固将释私怨，以明德于四海，其宜从三也。愿将军无疑。”

虽然时隔17个世纪，但现在来看，也为他的见识深远独到超乎常人而惊叹。

于是张绣与贾诩投奔了曹操，曹操以礼相待张绣，并对贾诩说：“是先生使我在天下人心目中的地位上升了。”

贾诩继段煨、张绣之后，又改换了主人，即曹操。曹操也信任贾诩，先后为他奏报朝廷做太中大夫、上执金吾等。

曹操晚年，在择太子时于曹植、曹丕两个儿子间非常犹豫，贾诩巧妙劝说以废长立幼造成恶果的刘表、袁绍为戒，曹操终于下决心立曹丕为太子。

贾诩在曹操手下，虽然受到尊敬，但他“夹起尾巴做人”，自知不是曹操以前的手下却策谋深远而被重用易遭人忌，为免猜忌，经常闭门自守，不与朝官私自交往，不与有地位的人家攀儿女亲家。正因为采取了这些避嫌措施，所以他安然无恙。

曹丕继位后，深知贾诩曾劝曹操立自己为太子，非常感激贾诩，贾诩的官位晋升到了最高点——太尉，并进爵魏寿乡侯。77岁时寿终正寝，又被谥为“肃侯”。

[制胜秘法]

东汉末年到三国这一时期，天下扰攘分裂，群雄逐鹿，既是英雄辈出的时代，也是他们较难择主的时代。如果跟错了主子，不管那个人才华如何，他的聪明才智不能充分发挥，便成了殉葬品。这样的例子在三国时代举不胜举。

贾诩就是一个善于择主的人。他先后事过数主，但都显得优游从容，仕途得意，确是三国时代的一位“好艄公”。

识时务者为俊杰。历史上，有多少英雄豪杰，都是因顺应了时势，投准了明主，而得以建功立业；又有多少不识时势的良材，因为一时不慎，而功败垂成，酿成悲剧。

纵观贾诩一生，虽是智术之流，但所到之处都畅通，事数主而来去从容，仕途上可谓从无险阻，步步高升，不能不说他是个伴君有术之臣。

未雨绸缪，防患于未然

“未雨绸缪，防患于未然”，做任何事情都应该事先做好准备，以免到时手忙脚乱。有这样一则故事：

有一家人，新盖了一幢房子，但就是厨房没有安排好，烧火的土灶烟囱砌得太直，土灶旁边还堆着一大堆柴草。一天，这家主人请客。其中，有位客人看到主人家厨房，就对主人说：“你家的厨房应该整顿一下。”

“为什么呢？”主人问道。

这时，客人说道：“因为你家烟囱砌得太直，柴草放得离火太近。你应将烟囱改砌得弯曲一些，柴草也要搬远一些，不然的话，容易发生火灾。”

主人听后，便大笑起来，不以为然，不久，就把这件事忘到脑后了。后来，主人家果然失了火，左邻右舍立即赶来，有的浇水，有的撒土，有的搬东西，大家一起奋力扑救，大火终于被扑灭，除了将厨房里的东西烧了一小半外，总算没酿成大祸。

主人为了酬谢左邻右舍的帮助，就杀牛备酒，办起了酒席。席间，主人热情地请被烧伤的人坐在上席，其余的人也按功劳大小依次入座，唯独没有请那个建议改修烟囱、搬走柴草的人。这时，大家高高兴兴地吃着喝着。忽然，有人提醒主人说："要是当初您听了那位客人的劝告，改建烟囱，搬走柴草，就不会造成今天的损失，也用不着杀牛买酒来酬谢大家了。现在，您论功请客，怎么可以忘了那位事先提醒、劝告您的客人呢？难道提出防火的没有功，只有参加救火的人才算有功吗？我看哪，您应该把那位劝您的客人请来，并请他坐上席才对呀！"

主人听后，不禁恍然大悟。于是，赶忙把那位客人请来，不仅说了许多感激的话，而且还请他坐了上席，众人也都拍手称好。事后，主人新建厨房时，就按那位客人的建议做了，把烟囱砌成弯曲的，柴草也放到安全的地方去了，因为以后的日子还长着呢。

由此可见，无论做什么事，都要有预见性，如果自己没有意识到，听听别人的建议也是好的，防患于未然，总比出了险情再去补救更为重要。

宋朝靖康年间，金兵大举南下，进攻北宋之都汴州，将太上皇宋徽宗、皇帝钦宗一并俘获，并立张邦昌为傀儡皇帝。金兵北归后，朝廷群臣反张，张邦昌不得已迎接钦宗之弟赵构称帝，定都临安，是为南宋，赵构就成了南宋的第一位皇帝。

赵构当皇帝之后，朝中宰相李纲和老将宗泽等许多大臣向他进谏，要他兴兵报仇。但赵构却怕打输了没面子，打赢了又怕钦宗回来之后自己当不成皇帝，于是对抗金一事一拖再拖，不作抗金雪耻的打算和谋划，偏安在临安享受花天酒地的生活，过着他的皇帝瘾。

此时，御史中丞秦桧带着家人回来了，他被俘虏到金国后，便投降了金国，金兵就命他以侥幸逃脱为名，潜回南宋做内应。回到宫廷后，秦桧用事先编好的谎话骗取了皇帝的信任，还讨得了皇帝的欢心。皇帝便将朝中庶务大权交给了秦桧。不久，从金营传来了徽宗与皇太后相继驾崩的消息。高宗派王伦为奉迎梓宫使去金，并要他转告金人，只要归还梓宫和高宗的生母韦太后，南宋愿意议和。王伦与金协商，金方同意交还梓宫和韦太后，接受和谈，并派张通古、萧哲为江南诏谕使至南宁，要求高宗以臣之礼接受金方的国书和金主的册封。秦桧见高宗难以接受，便代高宗行臣礼、受册封，与金人和谈。南宋答应割地求和的屈辱条件，金人才息兵言和。时隔一年，金廷内部发生宫廷政变，宋金合约作废，金将兀术率军再次南侵。秦桧此时变本加厉地说："合约失效，可以再谈。当前应该把南淮的守备军撤掉，以表我方谈和之诚心。"这一来激起了反和派诸臣的强烈反对，有一名课官接连七次上疏道："宣和'海上之盟'和靖康'城下之盟'不也是刚刚订下，金兵随之又至吗？今日之变还不是与那时一样吗？国耻不雪，难以谈和，请陛下明察！"吏部尚书李光说："对狼子野心的戎狄，只能战，不能和，淮南守备更不可撤。谁再言和，谁就是卖国贼。"秦桧听后恼羞成怒，随即反击李光之言，李光直指秦桧，冒死抗争，他说："你不顾大家反对，多次单独主张求和，今天还要撤回守备，这不是盗弄国权，怀奸卖国，又是什么？"此言一出，秦桧面红耳赤，此时他故技重演，将朝服一脱，朝冠一摘，向高宗哭诉道："皇天在上，请皇上为臣做主，让臣挂冠而去，免得遭人陷害！"说罢叩头不止，高宗果然被他蒙骗，下令将李光革职回乡。

金兵在南宋四处劫扰，举国上下强烈要求抗金。岳飞率领岳家军大举北伐，一直打到了距开封城不远的郾城，夺取了郾城大捷。唯恐金人怪罪的秦桧忧心忡忡，他密奏高宗将韩世忠、张俊、岳飞以渎职为名召回京都，以阻碍抗金。高宗听了秦桧的话，通知他们回京。岳飞坚决不回，秦桧一连下十二道金牌催岳飞班师。岳飞接到金牌后，悲愤交加，仰天长啸："十年功劳，废于一旦，奈何！奈何！"被迫班师回朝。岳飞回朝后，秦桧接金兀术来书，要除掉岳飞等抗金将领，敦促高宗求和。秦桧随即以"莫须有"的罪名，假传圣旨，将岳飞父子逮捕入狱秘密处死。从此议和阻力被扫，南宋将淮水、商州以北的土地割给金，并贡银、绢各25万，南宋向金称臣，高宗受金册封为帝。

赵构作为皇帝，屡次被金国攻城略地，受尽了凌辱，却不思整顿兵马，一雪国仇家恨。不能未雨绸缪，没有张紧的船帆，没有坚定的舵手，人生就像飘摇在浪尖的小船，被潮头打落只是早晚的事情。贪图安逸，不求发展，短时间内也许会过一段舒服的小日子，但最终还会被历史所淘汰。所谓"生于忧患，死于安乐"也正是如此。

一位喜欢炫耀的穷酸诗人乘船过江，当船划到江的三分之一处时，这位诗人突然诗性大发，面对滔滔江水吟起诗来，几首过后甚觉无趣，因为没有人能够欣赏他的诗。于是，他问船夫："船夫，你懂不懂得诗词之美啊？"

船夫摇摇头说："我哪懂得诗呀？我只会划船！"穷酸诗人叹了一口气："唉！连诗歌都不懂，你的人生已经去了三分之一了。”

船走到江中间的时候，穷酸诗人拿出一支笛子吹了起来，陶醉在自己的旋律之中。一曲完毕，穷酸诗人又问船夫：“船夫先生呀！你不懂得欣赏诗句，那你总该懂得欣赏丝竹之美吧！”船夫摇摇头说：“我哪懂得音乐啊？我一生只会划船！”穷酸诗人更加不屑地说：“不懂得欣赏音乐，你的人生又去了三分之一了。”

突然间，天空中乌云密布下起大雨，江水暴涨，眼看就要把船给打翻了。船夫跑到船头准备跳下水，这时，他回头问穷酸诗人：“秀才先生，那你会不会游泳呢？”穷酸诗人说：“我这一生饱读诗书，欣赏音乐，哪有时间去学会游泳呢？”船夫说：“那很抱歉，不懂诗书和音乐的我人生还有三分之一，而你的人生即将全部失去了。”说完，船夫就跳进了江里。

[制胜秘法]

无论做什么事情，都应该未雨绸缪，防患于未然。只有如此，在危险突然降临时，才不至于手忙脚乱。不要以为现在的安逸就代表永远，人生的过程就如同在江河里行船，狂风暴雨不知道什么时候会来。一辆车四个轮子，没有备胎，你敢上高速公路吗？“未雨绸缪，防患于未然”，这样，在人生的大海上航行时，即使大浪袭来也不怕，因为你会游泳，你已经做好了准备。

因利制权，把握关键

西汉众多大臣中，最有智谋的人，当数陈平。先是辅佐高祖刘邦，多次献计，汉初被封为曲逆侯；惠帝六年（前189），出任左丞相；高后吕雉元年（前187）升右丞相，事吕后专权不治事；吕后死，和周勃定计诛杀吕禄、吕产，迎立文帝，任左丞相；汉文帝时，升为右丞相，后改任左丞相。他大权在手，但能审时度势，不仅不滥用权力，而且设法保权。其中原因，正在于陈平深解了“因利制权”四个字。

汉初三杰的能耐，用汉高祖刘邦的一句话可以概括：如果论运筹帷幄，决胜千里之外，我不如张良；若论镇守国家，供给粮饷，安抚百姓，不绝粮道，我比不上萧何；如果说论集结百万雄兵，战无不胜，攻无不克，我不如韩信。

尽管汉初三杰能耐非凡，但命途多舛，张良害怕“狡兔死，走狗烹”，便远离官场，云游四海；萧何一生忠贞，但刘邦还是对他有所猜忌，处处提防，怕他功高震主；韩信就更惨，直接被吕后一刀送命。

放眼汉初第四杰陈平，如果说命运，上面三人就自当不如，他身辅四君，官至丞相，而且每朝都是重之重臣。可以说，陈平是汉朝官场中一只非常狡猾的狐狸。

公元前188年，汉惠帝死，吕太后临朝听政。她想封自己娘家的兄弟子侄为王，问大臣们能否。右丞相王陵性直，回答说：“当年高祖皇帝当着臣子的面杀了一匹白马，同我们滴血为盟，非刘氏不得封王。”

吕太后转而问陈平。其实陈平并不赞同封吕氏为王，但这个老狐狸却违心地说："当然可以。当年高祖平定天下，分给自己的子弟为王；现在太后临朝，分给自家子弟为王，有什么不可以呢?"

散朝以后，王陵责备陈平背弃了盟约。陈平则意味深长地说："如今是抵抗吕后我比不上你，可将来除吕保刘，你可能就不如我啊!"

后来，吕太后免了王陵的右丞相，封陈平为右丞相。吕后又不断地封诸吕为侯、为王，陈平唯命是从。因为陈平知道只有保住丞相的位置，有朝一日，才好居中调度。

时机果然被他等到。公元前 180 年，吕太后病死。外戚吕氏同刘氏宗室和朝廷各官员之间的矛盾达到了不可调和的地步。

这次争权，朝廷官僚同刘氏宗室结成联盟，一起对付外戚诸吕。当年八月，丞相陈平与太尉周勃细察形势，他们谎称有事，设计让掌军权的吕禄把将军印交给周勃。吕禄就真的交出了印符。于是，保卫皇宫的军队落入了周勃手中，他们控制住了封建政府的中枢——未央宫（皇宫)，打开了击败吕氏的大门。虽然相国手里也有一支军队，但不知道吕已失势，还在按原计谋想进未央宫，同吕禄一起发动政变，捕杀刘氏宗室和朝臣。吕产还不知道情况是什么样，就被杀了。吕产一死，吕氏的兵权就全部丧失了，吕氏的势力也就彻底瓦解了。

因为太尉周勃亲自率兵诛灭吕氏一伙，功劳显赫。顷刻间，周勃成为红遍朝廷内外的风云人物。作为主谋者之一的陈平，这个时候却非常难过。汉文帝新立，一朝天子一朝臣，陈平十分知趣，知道自己作为老臣并不为新任皇帝所了解，况且立功不多，何必赖在相位上不走呢？于是，陈平称病不朝，想让位于周勃。

文帝虽说刚刚主持朝政，但他对陈平的才能非常明白。现在，他对陈平称病十分不解，便把陈平找来，想问个清楚。陈平十分坦率地说："过去在高皇帝时，周勃的功劳比不上臣，现在在平定诸吕时，臣的功劳不如周勃。臣自愿退让。"

文帝感到此话很有道理，于是让周勃当了右丞相。对陈平，文帝也不愿舍弃，便让他当左丞相。古人尚右，左丞相位居第二，右丞相位居第一。文帝以为这样就把矛盾解决了，一举两得。为表彰陈平的顾全大局，还赐他黄金千斤，加封食邑3 000户。

汉文帝主持朝政以后，日理万机，一次，大臣们上朝，文帝要议国家大事，找来右丞相周勃问道："天下一年要判多少案子？"周勃面露难色。文帝又问："天下钱粮的收入、开支，一年要多少？"周勃越发窘迫，脸上、背上冷汗直流，却是无言以对。

文帝转而问左丞相陈平。陈平却说："各有主事者嘛。"文帝没听明白："主事者是何人？"陈平解释说："陛下要问判决狱案，应该找廷尉；要问钱粮，应该找治粟内史。"文帝不高兴了："若都找主事的，丞相做什么呢？"

陈平他说："丞相嘛，管住其下属。陛下若不知他如何控制众臣，那就该拿他问罪。丞相之职，上可辅佐天子掌管全局，下管万物各得其所，对外镇抚周围各邦，对内凝聚百姓之心，使各级官吏各司其职。"文帝认为讲得很有道理，连连称赞。周勃却恨不能有个洞钻进去。两人离开皇帝后，周勃生气地对陈平说："先生玩阴的，怎么不教教我呢？"陈平一笑："老兄身居其位，还不知如何做吗？若陛下问起长安有多少盗贼，你也一定要回答吗？"

从这时候开始，周勃方知自己的确不如陈平，与他相比相距甚远！于是，他称病要求免去相位，让陈平独自为丞相。

陈平的这个对答，也表现出了他老狐狸的一面，不仅表明他擅长辞令，有急智，最重要的是他深知为官之道——总理大政，把握关键，不陷于琐事，这一点对当政者有极大意义。难怪陈平能在位高权显的丞相位上一直到老。

[制胜秘法]

掌握在手中的权力，并不是一个可以随心所欲的奴婢，绝对的权力导致绝对的腐败，绝对的腐败引发身败名裂。因此，怎样运用权力，大有文章可做。依据实际需要与不同的利害情况，灵活地运用，便叫做“因利制权”。

陈平的精明之处在于，他对权力，收放自如。吕后专权，他装糊涂。文帝当政，他假谦让。他明知周勃不能胜任丞相，却主动辞职，一是让周勃出丑，二是让皇帝知道自己可不是占着茅厕不拉屎的人，待真到了显功夫时，他也不放过表现的机会。

从古至今权力都是人们欲求的重要对象之一。然而，正如水可载舟，亦可覆舟一样，权力可以使人野心膨胀，也可使人死无葬身之地。吕后越名分而专权，风光一时，恣肆一时，却是遗臭万年；陈平对权力该露则露，该藏则藏，因利制权，成为千古良臣。

机敏灵活，把握“忠诚”底线

纪晓岚从乾隆十九年（1754）考中进士，经庶吉士散馆进入翰林院成一名编修后，一路平步青云，追随乾隆有40余年，除短时间发配乌鲁木齐外，“一生顺境实多”，这在乾隆一朝可以说是个“奇迹”。与别人不同，纪晓岚的侍君术主要的有一条：不触动君主的逆鳞，在官场立住脚后再辅以“儒术”。因此，他一生不是个纯儒。而他的种种侍君术，只能用纪晓岚的智慧、机智来解读。

伴君如伴虎，与君主（尤其是精明的君主）这样的“虎”相伴确实会面临诸多危险和变数，但一旦他接受你，便事半功倍。让聪明的君主接受你，就要有超常的智慧与非凡的政治技巧。在这方面，纪晓岚是成功者。

有一则成语故事叫“与虎谋皮”，比喻所商量的事情和对方利益完全冲突，不可能办到，或根本无法协调。可以想见，撕老虎的皮，是怎样的危险。而在传统社会里君主就是老虎，甚至他比老虎更凶残，因为老虎只能吃掉你，但不会奴役你，摧残你的心灵。

在政治谋略发展史上，韩非子是一个集大成者，他把利害关系用来形容君臣关系，无所谓情谊问题，君主统治，靠的是高高在上的权威、严厉的刑罚与阴谋手段，但要以利益相诱惑，使臣不得不归附于君主。而臣下侍奉君主的首要原则是不触动君主的逆鳞。他说：龙，温柔可亲可玩。但它喉咙下有长一尺的逆鳞，若有人触动了它，温柔的龙会变成凶猛吃人的龙。君主亦有逆鳞，侍从之臣千万不可触动君主的逆鳞，这是保全自己的第一个策略。龙的逆鳞很明显，君主的逆鳞在心里，不是十分接近与了解君主的人是不能揣测的，而触动者定会身首异处。

睿智的韩非子又讲述了这样一个故事：

春秋时郑武公想占胡国，但先嫁女给胡君为妻。然后郑武公问群臣："我想用兵，可以去攻打哪一个国家?"大夫关其思回答说："可以去攻打胡国。"郑武公非常生气，说道："胡国与我国情同兄弟，你是居心何在?"说完，下令把他处死了。胡国的君主听闻，认为郑国与自己很亲近，对郑国无任何防范。最后大出所料，郑国袭击胡国，消灭了它。

韩非子得出结论说：实际上，关其思的话是对的，他之所以成了牺牲品，主要是道破了君主的秘密。道破了先机，也就触动了君主的逆鳞。

也许是受了韩非子权术论左右，或者是因为拥有至尊无上的地位，或者是本性使然，中国历史上众多的帝王中，聪明仁慈的君主并不多。皇帝是一头凶猛的雄狮，是不可驾驭的，驾驭皇帝犹如同虎谋皮，任何时候都有杀生之祸。

"伴君如伴虎"，这是经验之谈。

然而，也是可借用老虎的威力的，即可以"狐假虎威"，利用皇帝这一特殊的权威达到自己目的的，历史上大有人在。他们靠的是什么？靠的正是君主的权势。但君主特别是聪明的君主就不好利用了。乾隆便是其中的一位，所以，在他身边能受恩宠非常困难。如果能够几十年长期受恩宠，是非常不可小看的。

为了驾驭臣属，他能想出意想不到的办法，或小过重责，罚非其罪，有的破格提拔，一月数迁。生杀予夺，出自朕躬。大臣们莫测天威，又一边顶着碗水过日子，又希冀一沾皇恩，幸得终南捷径，便可加官晋爵，封妻荫子。

乾隆帝总是不拘一格用人才，傅恒就是其中的一个。皇帝自己还是个青年，刚刚登基，满朝文武都是老臣，像这样"主少国疑"，应该选拔一位年资稍高、较有威望的大臣做辅佐，不料他提拔一个比自己还小十多岁的小舅子傅恒当首席军机大臣。一个名不经传、年仅二十五六岁的青年后生，独冠朝班。这一任命，表示了皇帝乾纲独断，拥有不受干扰、慑服群僚的无限权力。乾隆帝还发明了许多“驭臣术”，过轻罚重便是一种。

乾隆四年（1739 年），工部修理太庙庆成灯，领银三百两、钱二百串，乾隆发现领银过多，想其中必有弊端，询问工部：“只是稍微修了一盏灯，怎么用了这么多银子呢？”工部官员含混奏复，说这笔银钱是预支的，将来按实用报销，余银交回。乾隆明知是哄骗之词，他说：“凡有工程，例应先估后领”，从无用工后交还多银之事，“该堂官等竟以朕为不谙事务，任意饰词蒙混，甚属乖谬”。就因这点小事，乾隆非常生气，工部衙门全堂得罪。尚书来保、侍郎阿、韩光基等或降级、或调用、或罚俸。

又比如，乾隆十八年，黄河在铜山张家坝决口，乾隆令河督高斌同张师载堵塞，因为属员李炖、张宾侵帑误工，没有完成任务。乾隆命将张宾、李炖正法，责张师载、高斌“负恩徇纵”，命将张、高二人一同绑赴刑场陪斩。但没有明说，高、张二人以为自己也被处了死刑。特别是高斌，是皇贵妃的父亲，系乾隆的岳丈，当时年过七旬。行刑时，高斌、张师载吓得魂飞天外，全身瘫痪，“二人昏迷在地”。皇帝还要回奏语言，“醒后奏称：我二人悔之晚已。这时除感恩图报，心中并无别念”。这种折磨人的恶作剧，却能使大臣们感恩尽忠、俯首帖耳。

虽乾隆有过人的精力与才智，又会玩弄各种权术，但政务丛杂，日理万机。一个人面对这架庞大的官僚机器，驾驭操纵，通常有疏漏与失误。因此一位御史曾大胆地说他明察太过、师心自用的弱点：“臣蠡测管窥，以为自古人主患不明，只有皇上患明之太过。自古人主患不断，只有皇上患断之太速。即如擢一官，点一差，一般出应外。便则皇上意见之稍偏，而愚臣所谓圣明英断之太过者也……要使天下服皇上，用人之至当，而不必徒使天下惊皇上用人之甚奇。”

［制胜秘法］

乾隆统治讲的就是“奇”字诀，只有出奇招，才会让那些善于揣测君主的人毫无办法。可是，道高一尺，魔高一丈，事物是相生相克的，少了一方，另外的一方也就没有存在的价值。

纪晓岚正是观察到了乾隆驾驭群臣的精妙，他抓住了对皇帝必须“忠诚”的底线，加上机敏灵活，所以平步青云。

以变求路，以变求生

孔子认为人与自然是一体的，山与水的特点可以反映在人的身上。因此他说：“智者乐水，仁者乐山；智者乐，仁者寿；智者动，仁者静。”大千世界，山是稳定的，可信赖的，它始终巍峨挺立，包容万物，是最可靠的支撑；水便是多变的，具有不同的面貌，它没有像山那样固定、执著的形象，它柔和锋利，可以为善，也可以为恶；难于追随，深不可测，不可逾越。

仁爱之人则与山一样平静，一样稳定，不被万事万物所左右，他们以爱待人、待物，像群山一样向万物张开双臂，站得高，看得远，宽容仁厚，不役于物，也不伤于物，不忧不惧，所以能够长寿。

聪明人和水一样随机应变，能洞悉事物的发展，“明事物之万化，亦与之万化”，而不墨守陈规，因此能破除愚昧与困危，得以成功，即便不能成功，也能随遇而安，寻求另外的发展，所以，他们总是乐观的、活跃的。

纪晓岚受卢见增一案的牵连，20多年的西域风霜，经历过编纂《四库全书》中的风风雨雨，洞察人世间的世态炎凉，所以老年后功名利禄之心大减；纵才傲物的性格为之一变，变得世故老道起来。

纪晓岚晚年，非常喜欢下围棋，并自号“观弈道人”。他在68岁写的《槐西杂志》小引里，就是这样写道：“壬子六月，观弈道人识。”

纪晓岚有一盘非常别致的棋，圆滑秀美，晶莹透亮，那是朝鲜使臣邓思贤赠予他的。黑子全是海滩细石，大小粒粒一致，也许经历了若干年的洗练。白子全是海滩贝壳，也被海水打磨得洁白如雪。碎石与贝壳虽不珍贵，但要拾取这么多厚薄均匀、颜色一致的，也不是一朝一夕能做到的，从这点看，就值得人特别珍视。纪晓岚非常喜爱，放在书斋里，经常把玩。可惜后来被棋友范司农借去，范氏死后，棋子下落不明。纪晓岚惋惜不已。

纪晓岚对下棋有他的独特看法。他觉得对弈之事，“消闲遣日，系不妨偶一为之；以为得失喜怒，则可以不必”。他经常引用苏东坡的诗：“胜固欣然败亦喜。”又推崇王安石的观点：“战罢两局收白黑，一枰何处有亏盈。”不看重输赢，而注重过程的享受。纪晓岚乾隆五十八年有《再题桐荫观弈图》，诗云：桐荫观弈偶传神，已怅流光近四旬。今日鬖鬖头欲白，画中又是少年人。画星儿童今长大，可能早解半山诗。一枰何处有成亏，世事如棋老渐知。

他的序言是这么说的："丙午七月，属沈云浦做《桐荫观弈图》，意谓不预其胜负而已，如果有胜负者存也。后读王半山诗曰：'莫将戏事扰真情，且可随缘道我赢。战罢两局收白黑，一枰何处有亏盈。'乃悟胜负亦幻像。癸丑五月，偶然间一看，题此二诗。然半山能言之而不能行，予则仅能知之耳。因附识以志予愧。"

为了明确表示他的这种见解，他经常把从兄纪坦居、纪方洲那里听来的两个故事讲给朋友听。

在纪晓岚老家景城真武祠，有一道士喜欢下棋，人称"棋道士"，真实名字不为人知。有一天，纪方洲来到真武祠，看见桌上有一盘棋局，只 31 子。纪方洲以为棋道士外出，便坐下来等待。忽然听到窗外有喘息声，走出来一看，原来是棋道士同一个人正在争夺一个棋子，四手相持，力竭倒地，发出急促的喘息声。

乾隆十二年纪坦居参加乡试。试院有两个考生，以号板做棋盘，以碎炭为黑子，剔碎石灰块为白子，因为不停地对弈，竟忘了应试，最后一齐交了白卷。

纪晓岚认为两者都非常可笑，为弈棋竟忘记一切，实在过于执著。他把这种弈棋的看法，放在人生观上。他自称"观弈道人"，首先表示酷爱棋艺，其次表示自己超然物外的处世态度。

正因为如此，纪晓岚晚年对他的堂兄纪昭采取的态度非常敬佩。纪昭进士及第后只做了八年的内阁中书，便辞官回家，唯以诗书课子孙，日与友人诗酒唱酬为乐。乾隆三十二年春天，纪晓岚回北京前，纪昭赠诗相送，当中有"敢道山林胜钟鼎，无如鱼鸟乐江湖"二句，是劝纪晓岚及早脱离名利场的意思，当时纪晓岚付之一笑。其后因"颠蹶忧患盖亦屡”，所以在《怡轩老人传》中感叹说：“兄之识度亦何可及哉！”

[制胜秘法]

无论如何，聪明人一定要善于应变，才能以变求路，以变求生。

随机应变者应当像水一样，以变求生，以变求路。在整个人生的过程中，所有宠辱，都是身外之物，真正的自我，是善于把握心灵的修身者。俗话说“静以修身，淡以明志”，可见，人在宁静之中心绪就像秋水一样清澈，如明镜一般可照出心性的面目；在淡泊中意志情趣才会平和愉悦，可以得到心性的真正体会。正如古人所说：“去留无意，任云卷云舒，宠辱不惊，看花开花落。”此为人生一种境界，一种至高的境界。

巧用“推”字诀

战国时，有一次齐国派大军攻打虞丘。赵国派孔青率领敢死队上前救助，将齐军打得大败。清理战场时，宁越望着堆得像小山似的齐兵尸体，对孔青说道：“将齐兵的三万具尸体留在这里，只是一堆烂肉，不如把他们还给齐国，让齐国将所积蓄的钱财都消耗在为他们办丧事上。”孔青说：“若齐国不接受这些尸体怎么办呢？”宁越说：“战死，这是第一条大忌；领兵出征却不能使士兵生还，这是第二条大忌；送还尸体而不肯接受，这是第三条大忌。现在齐国已经犯了前两条大忌，如果再犯第三条大忌，齐国的百姓一定会痛恨国君不仁，而和他离心离德，这就叫做连续出击。”

宁越要利用敌军尸体发动二次进攻，这可以说是一个思维的创新，在这个思维过程中，包含着一个二难推理。将这个二难推理整理出来是这样的：

齐君接受他们战死将士的尸体，齐国就会因厚敛这些尸体而耗尽钱财；如果齐君不接受这些尸体，百姓就会怨恨不已。总之，无论如何都是火上加油。

这是一个典型的二难推理形式，宁越把这个难题推给了对手。

有时，自己觉得棘手的事，难以出面的事，也可以让第三者来做。唐肃宗就做过这么一次。

唐肃宗时，李辅国是宫中一名大宦官。至德元年（756），肃宗在灵武称帝后，李辅国官拜行军司马。肃宗的起居出行、诏令的发布等内外大事，都交给李辅国处理。唐肃宗打败安禄山，收回京城后，李辅国主持恢复朝野，并负责掌管禁兵，一时权倾朝野，大家都不敢小看他。上元二年（761）八月，又加封李辅国兵部尚书。

可是李辅国还不满足，恃功向唐肃宗要官，以求做宰相。唐肃宗对李辅国这种明目张胆要官的做法很为反感，同时，对他的权力过重也有所警惕。所以，唐肃宗并不想把宰相的权力交给他。不过，李辅国对唐朝宗室有功，唐肃宗怕面子上过不去，于是，就对李辅国说：“按照你为国家所建立的功业，什么不能做？可是，你在朝廷中的威望还不够，这怎么办呢？”

李辅国听了肃宗的话，就让仆射裴冕等人上表推荐自己。唐肃宗知道李辅国在请人上表，心里非常高兴，就悄悄把宰相萧华找来说：“李辅国想做宰相，我并不同意。听说你们想上表推荐他，真的吗？”萧华无言，但心里已经明白了。萧华出宫以后找到裴冕，征求他的意见。

裴冕说：“我也没有同意他当宰相，是他自己来找的我，还说这是皇上的意思。现在我明白了皇帝的真实意图，请皇上放心，就算有生命危险，我也不会上表推荐李辅国为宰相。”

萧华又进宫向肃宗奏明了他们的意见，唐肃宗非常开心。李辅国在肃宗在位的几年里始终也没能当上宰相。

皇帝是不会得罪人的，这时候必须有迎难而上，替他做事的人。这也是一种做事的策略。

[制胜秘法]

生活中，自己不好出面的事，自己不好说的话，可以让一个合适的人帮你出面，帮你说。不过要看准人，他必须能够胜任。若你托给了一个不善办事的人，只会越搞越糟。

“妥帖”之中有奥妙

人们常称赞两全其美、一举两得的事，是因为这些举措，排除了触及各种人际关系后所产生的负效应，直接走向了成功。有人询问诸葛亮的后人：“孔明有什么处世的方法没有？”答曰：“也没有什么，只是妥帖罢了。”此“妥帖”二字可使我们学会很多。

晚清名臣张之洞以前是山西巡抚，即将启程上任时，有一个山西籍富商，泰裕票号的孔老板，表示要送一万两银子给他。他对张之洞说，他知道张之洞为官清廉，手头不宽裕，出于对张之洞的敬慕，他送“一点薄礼”，是帮张之洞解决些差旅费。

张之洞当时婉言谢绝了孔老板。可是当他来到山西，考察了当地的情况以后，深为山西罂粟的种植之多而震惊，他决心铲除山西的罂粟，重新换上庄稼。而改种庄稼，需要帮助百姓买耕牛、买粮种，但山西连年歉收、干旱，加上贪官污吏的中饱私囊，拿不出救济款发放给老百姓。他深感世事多艰，在这种情况下，他决定向商号老板募捐。这时，他首先想到的就是孔老板。

他想，孔老板实力不错，他拿银子贿赂自己，只是想以后得到关照。如果说服孔老板把银子捐出来，替山西的百姓做善事，用利换名，他或许会同意。

经过商谈，孔老板终于表示愿意拿出五万两银子，但有两个前提，一是请张之洞在他票号大门口的匾上题写“天下第一诚信票号”八个字。其二是张之洞为他弄个候补道台的官衔。

起初张之洞觉得孔老板的这两个条件都不应当答应，因为自已连泰裕票号诚信与否都不知道，何以叫做是天下第一诚信票号呢？第二他向来讨厌捐官，认为捐官是一桩扰乱吏治的大坏事，怎么能做自已恶心的事！这个孔老板也太过分了，依仗有几个钱居然伸手要做道台！人家千千万万读书郎，苦读寒窗数十载，到死说不定还得不到正四品的顶子哩！可是不答应他，又到哪里去弄五万两银子呢？没有这五万银子，就没有五六千户人家的种子耕牛，他们地里长的罂粟就不会被铲除，禁烟就是天方夜谭。

五万两银子，这对张之洞的诱惑太大了。经过反复思量，张之洞决定采用折中迂回的手段，同意为孔老板的票号题写

“天下第一诚信”六个字，这跟孔老板所要求的那八个字相比，不仅仅是少了“票号”两个字的问题，在字面上很大的不同，因为“天下第一诚信”这六个字意味着：天下最重要的是诚信二字，并不一定是说他们泰裕票号的诚信就是天下第一。

至于他的第二个要求，张之洞思索了很久，找了这样一个台阶：一来，捐官的风气历来便有，不足为怪；二来就算孔老板做了道台，他依旧要做他的生意，并不会等着去补缺，也就不会去抢别人的位置，所以对孔老板来说只是空名一个。再者按朝廷规定，捐四万便可得候补道台，孔老板要捐五万，已经超过了规定的数目，给他个道台的虚名，合情合理，都不为过。要不，他五万银子怎么肯出手？为了五万两救民解困的银子，张之洞终于自己“说服”了自己，而孔老板最后也答应了张之洞的折中方案。

张之洞做出这种决定也是百般无奈，但世事多艰，那种怀着满腔理想主义、毫不妥协的人，能做得成事情吗？张之洞采取迂回的方式，借孔老板的钱改善民生，而孔老板也得到了名，又没有违反太大的原则，也无可厚非。

张之洞在官场上也深得“妥帖”之要义，他把王之春从广东调往湖北这件事，就做得非常漂亮，让上上下下都满意。

张之洞到湖北以后，想大兴洋务，没有可以帮得上忙的人。这时，刚好湖北藩司黄彭年去世了，空出了职位。于是，他便趁着朝廷没有确定人时，推荐自己的心腹来此任职，这样新任藩司与自己同心同德，在湖北大举推行洋务时，阻力就小得多了。

张之洞与自己的心腹幕僚一起，考虑了很久，觉着现任广东臬司的王之春比较合适。王之春是张之洞在广东时一手带出来的，他对张之洞自然是忠心耿耿，调他来湖北，他自然会同意。但张之洞考虑问题又多了一层：王之春能力不错，他即使不来湖北，也能在广东升任藩司，如今要把他调来，就要在广东物色一个合适的藩司人选，这样，王之春才走得开，调来湖北的把握性才更大一点。

他的幕僚提出推荐湖北臬司成允去广东做藩司，这样有两个好处：首先成允是现在军机处领班礼亲王世铎的远亲，世铎一定愿意帮他，他自己京师门路也很熟。若由张之洞出面，荐举他去广东做藩司，他一定会尽力在京师活动，办成这个事，而王之春从广东调来湖北之事就好办多了。二来又可腾出湖北臬司一职，再调来一个同心同德、愿意协助自己举办洋务的人，就又多了一个帮手。一举几得，这样在湖北办洋务力量就更强了。

经过运作，王之春很快调到湖北；而成允去广东做藩司，官位提拔，他自然也满心高兴，真是一石双鸟。马上，张之洞又考虑好了臬司人选，即江西义宁人陈宝箴。十多年前张之洞就在京师认识了他，认为这个人器宇宏阔，是办实事的材料，自己曾多次向朝廷保举过他。三年前陈宝箴被人无端弹劾，现在京师赋闲，自己此时保荐陈宝箴，让他到武昌来顶成允的缺，等于雪中送炭，他自然感激不尽。

这样，经过张之洞的一番周密筹划，如他所愿：王之春顺利调来湖北做藩司，陈宝箴当上臬司。他们两人的到来，使张之洞有如虎添翼之感。

[制胜秘法]

周全地处理事情，各有所得，才叫高明。当然，这种境界不是那么容易达到的，需要阅历，需要积累，有时还需要资本和权力，但你应该往这种境界去努力发展。

要迂回合理地安排事务

宋太宗赵光义非常喜欢下围棋，且棋艺较好。据《通志》、《宋史艺文志》和《皇朝类苑》记载，太宗著有《棋图》一卷、《御制角局图势》数卷，但这些围棋著作现在已失传。

据说，宋太宗经常做些“棋势”（即死活图势）考朝臣们，相传太宗曾制过三个棋势：“对面千里”、“独飞天鹅”与“海底取明珠”。《忘优清乐集》里保存了前两个，后一个已经失传。宋太宗的棋势非常难懂，朝臣们都不懂，都请皇上不要为难他们。

宋朝文学家王禹偁，曾在他的诗中，把这些棋势描绘为“天机秘密通鬼神”。

宋太宗有“善弈”、“绝格”之称，有些专门下棋的人都不是他的对手。这里面有没有些虚假成分就很难说了。这些棋手很可能为取悦皇上，不想赢他罢了。

当时宫里有一个名叫贾玄的棋待诏，他是一个围棋奇才，少年时已能战胜国手。当上国手后，棋艺更加精湛。他棋下得非常高妙，可以随心所欲地调动对方。与他下棋的无不对其棋艺赞叹。他曾称霸棋坛数十年，他在进宫前便深知皇宫之人，都有极强的好胜心，自汉以来，已有好几位棋待诏，因为弈棋被皇帝赐死。所以他与宋太宗下棋时，不敢赢太宗，又不敢让太宗赢得太多，能看明白是故意输棋，落个欺君之罪。于是他每盘棋只输一二子，讨太宗欢心。宋太宗棋下得虽然不错，但他也自知比不上贾玄。不过既然贾玄甘愿故意输棋，也便不点破，乐得收下这个顺水人情。但赢的次数多了，宋太宗便觉得没什么意思了。

一天，他又与贾玄对弈，他对贾玄说："我听人说你的棋天下第一，从来没有输过，而你为什么又每次都输给我？可见其中有诈。我们现在下几盘，如果你又输给我，我让人打你五十大板。"

贾玄听了忙说："陛下棋艺高超，取胜不足为奇。下盘愚臣将全力以赴，争取不再输棋。"果然，这盘棋下完后，贾玄没有输棋，是一局和棋。宋太祖哭笑不得。于是又下一局，这一局贾玄用尽平生所学，结果又是一盘和棋。维持两局和棋，甚至比赢棋还难。贾玄未输，自然不能杖责。

宋太宗清楚贾玄又在捣鬼，便激怒贾玄说："都说你是一代棋王，赢我都很困难，真是徒有虚名，再下一局，若你赢了，我赏你官做，若是你输了，我把你扔到水里去喂鱼。"贾玄唯唯诺诺，只得连连点头称是。

待到下完了，又是不输不赢，于是宋太宗假装生气的样子说："我让你先走一子，可是仍下成平局，就是你输了！你无话可说了吧？"说完，下令把贾玄扔到水里。

贾玄见皇上动真格的了，急忙大叫道："陛下息怒，此局臣胜一子，并非和棋。"

太宗听他说此局不是和棋，便让他回到原座，问他哪里胜了一子，贾玄惊魂稍定后，结结巴巴地说："我怕真的被投入河里，故意赢皇上一子。但又怕皇上怪罪小臣，故数子时，我偷偷将一子攥在手中，未敢亮出来。"

太宗一看贾玄手中果然还紧紧地攥着一子，又气又笑，可是他也真知道了贾玄的棋艺水平明显胜于自己。因为他知道自己棋艺虽不太高明，但也有一定水平，可贾玄却能够想输一二子就输一二子，想下成和棋就下成和棋，而想赢一子就赢一子，达到随心所欲的地步。太宗对贾玄的棋艺打心眼里佩服，为贾玄的机智而开心，马上赐宴招待并封了贾玄官职。从此太宗更加宠幸贾玄了。

伴君如伴虎，下棋输也不是，赢也不是，这类官场应酬，着实难以对付，亏得贾玄棋艺高超。

但贾玄为取宠皇帝而有违棋规的做法，当时一些朝廷大臣也很反感。《湘山野录）中说贾玄“悦惑明主”，皇帝不理朝政是因为迷恋围棋；冯元仲的《弈旦评》也说贾玄是“不死不生”的人，是阿谀奉承的人。

这真是：

纵使待诏称第一，相逢帝王尽和棋。旁观莫问局中事，且看前朝血泪遗！事实上，真正喜欢围棋的人，重在以实力相战。以输棋讨好对方，心里并不舒服。

[制胜秘法]

若论围棋的精神是：无气则亡，亡则共亡；有气则存，存则同存。

围棋的棋子无大小之别，子与子相比较无任何区别，表示人无贵贱、贫富之分。也就是说下棋的时候人与人都是平等的。

棋子可以不受限制地下在棋盘的任何一个空点上，也就是说这个世界上的人可以自由地定居生存。说的是天赋人权这个道理。

围棋其实意之完美，胜过世界上的任何语言。但这完美的表意却成了封建官场中攀升游戏的工具，贾玄就是利用这些无贵贱、贫富之分的黑白棋子来行攀龙附凤之事。明明是“无气”的棋子，在他的心中，却成了“有气”的手段。

让人来不及作出反应

和珅在朝为官，自然敌对较多。对于那些官职低微，势单力薄的官员，和珅总是想办法让他们丢官弃职，让他们离开官场。而对那些根底深厚，可以同他抗衡的朝廷大员们，和珅也有办法，会让他们在应接不暇的政事中疲于奔命，没有多余的力气与他抗争。

在和珅的同僚中，他最忌惮的就是阿桂。阿桂，姓章佳氏，字广庭，其父亲是大学士阿克敦，阿桂在乾隆三年（1738）考中举人，乾隆十三年（1748）就跟随当时的兵部尚书班年参加平定大小金川之乱，后来历经多次升迁，在乾隆二十六年（1761）的时候被任命为内阁大臣、工部尚书，驻扎在伊犁。至此，阿桂在朝中的地位步步高升，和珅飞黄腾达之日，阿桂早已经是乾隆时期无可取代的一位重臣了。乾隆也深知阿桂功勋卓著，所以对他宠爱有加，虽然和珅在乾隆面前能争得宠信，但聪明的人一看便知，乾隆真正倚仗的还是能征善战、足智多谋的阿桂。乾隆四十六年（1781），甘肃省境内撒拉尔回教爆发矛盾，清政府派兵镇压，支持老教镇压新教，新教教民奋起反抗，在苏四十三的领导下发动了起义，一时间波及到了兰州，形势紧急。朝廷听闻此讯，乾隆下令命额驸拉旺多尔济，带领侍卫内大臣海兰察、护军额森特带兵征讨，任命和珅为钦差大臣，前去督军。和珅正得意于皇上这般重用自己，乾隆略一沉吟，又把和珅召了回来，把命令改成同大学士阿桂共同督军甘肃，和珅先行，等阿桂到达甘肃后，和珅听从阿桂约束。这件事让和珅抱怨不已，这不分明表明乾隆怕和珅能力不够，心里面更加倚重阿桂吗？军中之臣都会看不起他。史书中记载，和珅到达甘肃之后，急于求胜，强令海兰察等人进攻起义军，最终因准备不充分，地势险要，遭到起义军的痛击，反而被起义军占领了险要道口。阿桂到达甘肃，和珅反咬一口，把失败的责任全都归之于将领不听调遣，阿桂听后没有理他，遂升帐派兵，诸将都听从号令，不见一丝不敬，阿桂转身问和珅，和大人不是说诸将不听从调遣吗？这话怎么说？和珅更加怀恨在心了。

所以，和珅对阿桂的怨恨非一日之久，又没有能力整倒阿桂，只好想办法不让阿桂留在京城，奔波于全国各地。阿桂平定了甘肃的起义之后，马上被乾隆派到甘肃查清“捐监”一案，审理王直望等人的贪污问题，紧接着又被调到黄河，治理黄河在河南青龙冈一带的决口，赈济灾民，修筑堤坝。事隔不久，浙江又爆出了陈辉祖贪污的案件，阿桂又马不停蹄地赶去处理。从此，阿桂整年在各地奔波。阿桂对国家一片忠心，如此劳苦，为了国家还是毫无怨言。只是阿桂早就知道和珅是朝廷的一大祸害，想为国为民除害，却不能如愿。根据洪亮吉在他的《书文成遗事》中记载：嘉庆元年（1796），阿桂年逾八旬，重病在身，在病中对家人说：“我年逾八十，是要死的人了，生前名列将相受到了非常的恩遇，可死；若子孙皆佐部务，无所不足，可死；忍死以待者，实欲待皇上亲政，犬马之意得一上达。”阿桂一生，无怨无悔，只有一个遗憾便是不能亲眼看到嘉庆帝亲政，帮助他亲手为国翦除和珅这一大祸患。阿桂终于还是没有等到那一日，在嘉庆二年（1797）八月，他81岁之际，赍志而没，此时距乾隆驾崩，嘉庆查抄和珅还有整整两年时间。

若说阿桂是凭着累累战功与和珅抗衡，那福康安出身和军功都相当显赫，却依然不是和珅的对手。福康安是名门之后，他的父亲傅恒是乾隆的名臣，官拜大学士；他的姑姑是乾隆帝的孝贤皇后；福康安也是身经百战的大将军，曾历任成都、桂林、盛京将军，以及云贵、两广、四川、闽浙的总督，镇守重要边陲，乾隆对他的赏识丝毫不亚于阿桂，给了他非同一般的荣誉。封他为太子太保、一等嘉勇忠锐公与郡王贝子。乾隆末年，台湾林爽文率兵起义，清政府派去的将领常青昏庸无能，屡战屡败，使义军越来越猖狂，沿海各省的民众也群起响应，搞得全国上下人心惶惶。和珅见状，忙向乾隆推荐任福康安为主帅，平定台湾叛乱。乾隆于是把远在甘肃，时任陕甘总督的福康安调至福建。任命他为将军，领湖南、贵州、湖北等地增援的绿营兵各2 000人，连同福建原有的几万大军，一起攻打起义军，福康安明知非常危险却不敢不前，只得领兵前往，和珅把台湾这一困难的局面抛给福康安。福康安果然有着丰富的作战经验，同起义军在丛山密林中周旋，一年后，擒获义军首领林爽文。

和珅对福康安用了对付阿桂同样的办法，让他常年在外，这样，满朝中就再找不到一个可以与和珅一争高下的人，和珅得以一手遮天。

[**制胜秘法**]

当情况发生变化时，要因时度势，从而把握先机，争取主动，争取最后的胜利。

灵活变化，左右开弓

“变身术”是指一个人应付外部环境同各种对手的技巧。和珅善变，因为人总希望自己能麻烦少一点、利润多一点，和珅在办理大案要案中，有巧妙应变的本事，所以，凡经他手办理的案件，无论案情的定性如何，都能获利。在“国泰贪纵营私案”中，和珅便是这样“站稳”的。

乾隆四十七年（1782）四月初，都察院御史钱沣上疏弹劾山东巡抚国泰、布政使于易简“贪纵营私”，“国泰于属员提升调补，多索贿赂”，“依照州县肥瘠，分股勒派。若有升调，唯视行贿多寡，以致历城县长年了。布政使于易简亦纵情攫贿，与国泰相埒”。

国泰隶属满洲镶白旗，姓富察氏，是四川总督文绶之子，曾任刑部主事、郎中、山东按察使、山东布政使等职，乾隆四十二年（1777）被提拔为山东巡抚。乾隆三十八年已调任陕甘总督的文绶，因在四川任内私护纵所为非的阿尔泰，被戍伊犁。国泰因上疏请同父一起遣戍，得到皇帝的赏识，不仅保住官职，而且还晋升为山东巡抚。

国泰少年得志，为人跋扈，对待属下“不以礼，小不当意辄呵斥”。国泰之父文绶因庇护阿尔泰交罚银8万两，国泰便勒索手下，代父交赎罪银两。于易简系已故大学士于敏中之弟，虽然也出身官宦之家，但其生性懦弱，因而同国泰共事可以说是刚柔相济。在国泰大发雷霆时，于易简竟然奴颜婢膝，“长跪白事”。对国泰的颐指气使，于易简已经习以为常。

对于“性情乖张”的国泰，福康安、阿桂（阿桂系当时军机处首席大臣、内阁首辅；福康安是傅恒之子，时任云贵总督）、和珅等相继向皇帝“密为陈奏，欲以京员调用，消弭其事”，却被皇帝拒绝。因乾隆多次听到“国泰于山东巡抚任内不得属员之心”，“有贪污之行为”，乾隆遂于四十六年正月，特意“传谕令于易简来京讯问”。于易简到京后力保：“国泰并无别项款迹”，“唯驭下过严，遇有办理案件未协及询问不能登答的人，每加训饬，是以属员害怕，致有诟言”。乾隆又问及“国泰屡屡保荐吕尔昌，是否有徇庇交通情事”，于易简就以“吕尔昌和国泰都是刑部司官出身，常委审理案件，并无徇庇交通之事”对答。

于易简为什么要把自己的身家性命同国泰紧紧连在一起？于易简曾任济南知府，因为国泰的提携升任山东布政使，这种大恩大德使他念念不忘。在于敏中逝后，于易简对国泰更为依赖。兼之二人都喜欢昆曲，有时还粉墨登场。据传他们最喜欢演的是洪升的《长生殿》，于易简扮唐明皇，国泰饰杨玉环，表演得入木三分。志趣相投也许是于易简力保国泰的另一因素，即所谓朋友易得知音难求。

乾隆四十七年四月初四，和珅与都察院左都御史刘墉、御史钱沣等奉命前往济南查办国泰案。同时，乾隆谕令曾在山东查办过盐务的前长芦盐政伊龄阿如今说明在山东的详闻见录；命令已升任湖南布政使的前山东按察使叶佩荪据实陈奏国泰贪纵营私之处，不能够庇护；又责令由国泰推荐升任安徽按察使的原济南府知府吕尔昌交待“怎么同国泰前往德州、涿州、江省一带查办事件”，“因为我母亲现于上月二十五日起身到我哥哥任去，有年纪的人行路迟缓，恐怕还该在途中。德州是山东地方，如果有关于我哥哥的事，母亲在道上听见害怕，所以差套儿（国霖家奴仆）赴东，向母亲请安，并叫他探听钦差查办德州信息，若没有我哥哥的事就迅速回京”。

另据套儿供称，初四日自京起身，初七日到山东省，“路上遇见大爷（指国泰）接钦差，我请了安，大爷问我‘你来为何？’我说‘二爷（指国霖）叫我来替老太太请安，怕老太太听见有钦差来害怕”。然而套儿没有到国泰官邸给老太太请安，而是“回到德州住了两日，打听山东省城有什么事，到十四日听说我大爷已查抄拿问了才回来”。

正像办案人所分析的：“你若到了山东，你大爷为何不留你，这不是怕你漏出风声致事情败露吗？”国泰在四月十七日的口供却对套儿送信给予拒绝，自称“我于初六日接德州驿站上报单得知，钦差到江省一带公干之信，约于初八（原档有残），可过齐河，我怕路上有人检查，是以叫藩司将县库（原档有残）生查办。至我兄弟派人来套儿，我在初七日出城恭请圣安，中途遇到他，说系我兄弟差来给我母亲请安，并说有钦差往江南查办事件，京中不知信息，非常害怕，叫来探子探听，就回去告知好放心。我就向他说，钦差现在就要到了，如果有路过山东省查办事件，你适自京来，恐有不便，就叫他回去了，并非我兄弟差来送信”。

不排除国泰具有为国霖开脱的意思。在一年前乾隆就曾传谕布政使于易简来京，询问国泰操守如何，此后不久乾隆还特意“将询问奏对缘由，传谕国泰，令其知所警惕，所谓有则改之，无则加勉。凡事宽严适中，不可太过，也不能差太多。如果伊奉朕此旨，即自知猛省，随事留心更改，将自可长受朕恩，为国家好大臣，这不更好吗？如果再不知改悔，或因此转加模棱，不认真办事，是伊自取咎戾，朕不能为国泰宽也。至于易简既奏并无别项款迹，以后或发觉，或被访闻，不特国泰罪无可辞，即于易简也有应得之罪”。

心里有鬼的国泰深知这上谕的力量，因而当他从驿站报单得知钦差欲往江南公干，立刻预感到彼等此行的真正目标很可能就是济南，套儿的到来不过更加证实事实的严重。国泰遂把存在济南府里的“交州县变卖物件银子”，来弥补历城县亏空，令“该县郭德平向冯埏（原济南知府，时任漳州知府）府库要去银四万两挪移掩饰”。在档案记载中当可得出，派人给国泰送信的是其弟国霖，于德州打听钦差意向的是其家人套儿，这些事情与和珅没有关系。关于清查历城县库银一节，《郎潜纪闻》中有这样一段记载：其时和珅柄国，而国泰平时奔走其门下者，人都为通政（指钱沣）危。及抵境，和珅已授意国泰弥缝，辄以危言相吓。刘文清（指刘墉）深知其弊，常与通政密商。比到省盘查，则先扬言不用全数弹兑，抽查至数十封，没有差错，和即起回馆舍。通政请封库，次日彻底拆封，一般都是圆丝杂色银，一般借诸商贾以充数者，因诘库吏，得其实。立刻出示召诸商贾俱领，大呼曰：迟来入官（即没收归公）！于是商贾具领，库为一空。复往盘他府也一样，案遂定，亦无如何也。近年来出版的一些关于乾隆的传记中，很多引用了这些传闻，诸如：“国泰早已知查仓盘库之信，马上向商人勒借银两，存放库中”，“钱沣细心观察，发现取出验证之银，每锭的数量多少不等，印色不对”，“钱沣得知借商银充库之情，便派人宣告于众，倘若被借银存于库中的商人，不将银呈官报明请求归还，就将尽没收其银”，“各商人纷纷奏呈被借之数，将银领还，库为之空，一下子就将历城县亏空帑银4万两之弊，暴露在光天化日之下”，等等。历史并不是这样的。

据和珅、刘墉在乾隆四十七年四月十一日给皇帝的奏折中所说，清查历城县库只有一次，而且是“按款比对，逐封弹兑”，并非像《郎潜纪闻》所言盘查两次，第一次只“抽查至数十封”，第二次才“彻底拆封”；国泰用来弥补亏空的银两，都是在济南勒索各州县的银两，并不是“借诸商贾以充数者”，更无“商贾纷纷具领，库为一空”的情景。《郎潜纪闻》的作者之所以有“借诸商贾以充数”之说，有可能是据郭德平所供“赊取本城钱铺刘玉昆银四千两抵补空项”的伪证来写的。

据传在国泰案中，和珅在查案前，先写好了两份奏折留给他的干女儿纳兰之父苏凌阿，告诉他一份劾刘墉、钱沣用，一份劾国泰用。如果在山东无法查出什么，你就将劾刘、钱的奏折上奏皇帝，告他们蓄意谋害，如果事有不妥，国泰罪难遮掩，我便飞马报你，你便把另一份劾国泰的奏折呈奏皇上，在钱、刘回京之前劾国泰，以丢卒保车。后来国泰案最终还是暴露无疑，苏凌阿便将劾国泰的折子奏上。据说乾隆因此而认为和珅同国泰实无勾结。而钱沣、刘墉也因和珅在案中表面上无有掣肘以及无其他实据。这些传说虽都是似是而非，但可见和珅之为人，编造这样的说法倒也能鲜明体现其高智商的奸诈。

[制胜秘法]

左右开弓，灵活变化，是一些人常用的谋生手段，但是它们也会被更灵活、更善变的人所制约。

舍弃一点，而求众多

谢振定，字一斋，是湖南湘乡人，乾隆四十五年的进士，开始担任编修，后参选江南道监察御史，后任兵科给事中。

据《清朝野史大观》记载，谢御史这个人不拘小节，然性情疏阔，在他所住的地方桌子床榻上灰尘那么厚，也不知道擦拭。院子中杂草丛生，很有濂溪不除台阶之草的风范。从来不在意钱财物品，任凭属下侵夺和偷盗。还非常健忘，他曾经新添置了一件朝衣，借与一位同僚穿着，一直都没有要回来。后来在礼部做官，正赶上有祭祀活动，又要去买朝服穿。被他借给衣服的那位僚友知道后，故意问他："我记得先生以前新添置了朝衣，时间不长，怎么就没了呢？"谢御史非常茫然地说："这类东西随手扔到了哪个破箱子中，无处可寻了？"这位僚友又说："你是否曾经借给谁了？"谢御史还是想不起来了。僚友后来笑着告诉他："你于某日借给我穿了，现在还在我的箱子中，你真的不记得了？"谢还是恍恍惚惚的样子，其不计细节竟是如此。

在民间，广泛流传着"烧车御史"的故事。这个故事说：在谢振定做京城巡视御史时，一天，正在东城巡逻，远远地看见有一辆违制的车舆在街道上驰骋，横行无阻，谢振定令兵士把他拘来，见那人骂骂咧咧，非常狂妄。"他娘的，哪个敢逮我，快把老子放了。不然让你们一个个吃不了兜着……"

谢振定怒道："哪个大胆狂徒，如此无礼，天子脚下，怎么能让你在这里撒野？报上名来。"

男丁说："老子是相爷身边的贴身仆从，是相爷的妾弟，你这个有眼不识泰山的狗官，敢把老爷怎么样？”原来他是和珅的小妾的弟弟。

他如果不说自己是和珅的妾弟，谢振定也许还能放过他，听是和珅亲戚，立刻怒火中烧，道：“给我用鞭子抽。”两边兵丁，狠狠地把他推翻在地上。你道哪个不恨和珅，现在看主子这样有骨气，这些兵丁也壮了胆气，把那对和珅的恨气、怨气，都撒在这个“舅爷”身上。那可怜的弟弟在地上仍破口大骂：“竟敢打相爷的‘舅老爷’……这车子是相爷乘的车子，怎能违制……”

谢振定道：“给我掌嘴，还放托词是相爷的乘舆。”兵丁们把他拉起来，对着那嘴脸左右使劲地抽打，不一会儿那粉脸变成了一个紫茄子。

谢振定道：“那厮竟胡言乱语这是相爷中堂的车子，把那车子烧了。”兵丁们把车子拉过一边，放火把它烧了。谢振定对和珅小妾的弟弟道：“怎么，这不是宰相乘坐的车子吗？”命兵丁们回去。

这件事传到和珅那里，和珅召来刘全等道：“若遇着这些不识相的，要不露声色，报给我知道，让我来收拾他们，你们不要硬来。”

家奴马八十三道：“相爷说得很对，不要与他们逞一时之气，那样反而鼓励了别人，遇事须沉稳，要整治那人时，要不动声色，最后也要治他个落花流水。”

过了几天，谢振定的同事给事中玉钟健，在和珅的指示下，借着其他事情弹劾谢振定。欲加之罪，何患无辞。和珅马上禀皇上夺了谢振定的职，把他辞官回去。

嘉庆五年，和珅被治罪，谢振定重得任用，在嘉庆十四年去世。道光时节，谢振定的儿子在河南做知州，因为才能突出，政绩卓异被引见给皇上。道光听了他奏答的姓名籍贯，便问道："你说你是湖南人，如何说一口流利的京师话，这是为何?"谢的儿子对曰："臣父谢振定在做御史时，臣生长在北京，所以会说北京话，湖南老家的话，倒忘了。"道光高兴地说："原来你竟是烧车御史的儿子。"于是就更加褒勉他。次日，对军机大臣说："朕小的时候听说过烧车御史的事，昨天竟见到他的儿子，他儿子也清正廉明，应予以重用。"

从此，这"烧车御史"的说法便流传开来。

[制胜秘法]

如果一个人舍弃一处，而求众多，这叫多点开花战术。和珅得势时被人发难一事是御史谢振定惩治和珅小妾之弟招摇撞骗横行无忌的事。然而，对这件事和珅却用在其他方面来报复，终于把和他作对的人置于不利的地位，自己则相安无事。

制网：

广结人网，理顺关系

人在社会上立足，就要用心编织一张属于自己的关系网。结交志同道合的朋友，多多益善；广聚人脉，才能事事兴旺、顺达。有了丰富的人力资源，万众一心，互相扶持，互相鼓励，在“协同作战”中获取双赢，好朋友多多益善才能成就大事；在激烈的竞争中，才能得心应手，左右逢源。

好朋友多多益善

在京城期间，曾国藩特别留心结交朋友，他与倭仁、何桂珍、吴廷栋、梅曾亮、何绍基、汉学家邵懿辰、刘传莹等人交往最为密切。他结交的这些朋友，一般都是有些许声望，但是还没有登上真正政治舞台的人。他们的出身、地位、名声相差不大，没有互相利用、互相倾轧的必要，反而结下了互相激励、互相促进的真正友谊。曾国藩后来办大事，也得利于他们的帮助。

曾国藩的师友中，以当时的名儒唐鉴地位最为显著，对曾国藩的影响也最大。唐鉴曾经教导曾国藩治学方法，告诫他读书要专一，要先找到入门的方法，并指导他精读《朱子全集》，给曾国藩的理学思想打下了牢固的基础。因此曾国藩虽然没有正式拜师，但一直对他以师礼相待。后来唐鉴去世，曾国藩不但为他向朝廷请求赠谥号，还给他写铭文。

在这些师友之中，理学大师倭仁对曾国藩也影响很深。与唐鉴不同，他的影响主要表现在修身养性方面。曾国藩以前也有写日记的习惯，但是主要记的都是日常琐事，经过倭仁的教导，他主要记自己一天的得失，在不断的反省中提高自己。从这以后，曾国藩的人格发生了很大的改变。

这些朋友有一个共同的特点，那就是专心学问，不说空话，每个人各有专长，而且都是心怀大志，不甘堕落之辈。朋友们经常互相针砭互相鼓励。他们后来都有各自的成就，也为曾国藩的事业奠定了基础。曾国藩择友，强调的是志同道合，对那些甘于平庸或者大言欺人的人，他是避而远之的。

曾国藩在京城时也遇到过高谈阔论的人。有一个刚从外地回京的人，经历稍为丰富一点，席间便旁若无人地夸夸其谈。曾国藩非常看不起他，便未深交。如庞作人，慕名来与曾国藩结交，曾国藩见他好说话，不着边际，以后和他的交往就逐渐减少了。但当曾国藩官至两江总督，指挥四省军务时，庞作人便跑到江南，希望能凭自己三寸不烂之舌，打动曾国藩，混个一官半职，但曾国潘一见便觉厌恶，在日记中写道："有庞作人者，什么都知道，而好讲学，自在京已厌薄之。今天更为看不起他。甚矣，人之不可不务实也。"最后这位仁兄只好无功而返。

李鸿章到了京城，在曾国藩的指引下，认识了很多有志之士，交际视野也慢慢宽广了。其中最主要的，就是曾国藩原来的朋友班底与不断扩大的曾门弟子。李鸿章为人洒脱，比老师更善于交际。曾国藩担心他交友不慎，不断加以诱导。曾门弟子与同年进士是李鸿章最重要的人际资源。

在这些人中，李鸿章与沈葆桢同门同房，最要好。沈葆桢比李鸿章大三岁，但进士及第的名次却排在李鸿章之后。沈葆桢考中进士后，与李鸿章一同被点为翰林，当了三年翰林院庶吉士，又一同当了三年翰林院编修。咸丰三年（1853），李鸿章回乡操办团练，沈葆桢在第二年出任江南道监察御史。两年后，沈葆桢被封为九江知府，但那时候九江已被太平军占领，他无官可做，便被曾国藩留在湘军大营照料营务，成为曾国藩的幕僚。

咸丰六年（1856），沈葆桢改任广信知府，上任不长，就遇到太平军杨辅清率领数万大军前来进攻。当时城中守军仅400人，顿时作鸟兽散。沈葆桢正在城外公干，有人劝他的妻子林普晴暂时出城回避，她坚决拒绝，写下血书向邻县清军守将饶廷选求救。当沈葆桢从河口镇驰回时，城中四处起火，府衙内的照壁也被映得通红，林普晴仗剑立在外边，对丈夫说："如今正是你报效朝廷、为国捐躯的时候，你若死了，我也不苟活，这口井便是我的葬身之所。"后来幸饶廷选率领救援及时赶到，广信城才得以保住。

经过这件事情以后，曾国藩对沈葆桢更是另眼相看，在同治元年（1862）极力推荐，破格提拔为江西巡抚，成为封疆大吏。

李鸿章与沈葆桢从同学、同事到同僚，交往频繁。李鸿章在咸丰八年（1858）底投奔曾国藩时，特意绕道广信，同沈葆桢促膝长谈。后来李鸿章与曾国藩闹矛盾，在湘军幕府感到不太得志，想去沈的家乡福州当道台。沈葆桢得知后，马上写信劝李鸿章不要赴任，而是留在曾国藩身边等待机会。不久，二人在曾国藩的密荐下，几乎同时当上巡抚，李鸿章上任江苏巡抚，沈葆桢则担任江西巡抚。在以后的官场中，两人互帮互助，推动了晚清的近代化进程。

李鸿章的密友当然不只有沈葆桢一人，其他如陈鼐、郭嵩焘等，都对他的起家给予了重要的帮助。可以说，在京时期，他在曾国藩的指引下，结交了一大批有志之士，成为他后来事业成功的人际基础。

[制胜秘法]

只凭单打独斗，难成大业。结交志同道合的朋友，增加人际资源，是成大事的重要前提，要把它作为一个工作来做。

不计私怨，讲究原则

19 世纪末，甲午战争期间，李鸿章惨淡经营近 20 年的北洋水师，非常失败。30 艘战舰被缴的被缴，沉没的沉没。李鸿章不得不与日本签订《马关条约》，割让了澎湖、台湾，还赔了 2 亿两银子。翰林院上表弹劾，被国人骂为卖国贼，李鸿章有口难辩、有苦难言，只好受窝囊气。

并不是北洋水师不敢迎战，而是因为北洋水师的装备不如人，弹药奇缺、船速慢。同日舰战斗时，炮弹很缺乏。许多炮艇上，巨炮炮弹只有一发。发完之后就没有了。小炮炮弹也不充足，只能轰几下，便成了摆设。致远、经远两舰，若弹药充足，何至于动与敌人同归于尽的念头？而且两舰还没靠前，就被日舰用鱼雷击沉了。

大家认为，北洋水师的军费被慈禧挪用修颐和园了。但据《剑桥中国晚清史》记载，19 世纪 90 年代，清朝政府预算支出北洋水师的军费是每年 500 万两。慈禧建颐和园又能用得了多少呢？如果按人们认为的挪用款项 150 万两，4 年时间，李鸿章还有 1 850 万两军费可供使用。如果这些钱用来购置军舰，可再买两支北洋舰队。

那么，是谁吃了豹子胆，敢不按预算拨款呢？经考究，是光绪皇帝的老师翁同龢。他当时是军机大臣，主管户部，财政工作归他管。

原来，李鸿章和翁同龢有一段很深的积怨。翁的哥哥翁同书，曾在安徽当巡抚，太平军围困时，他弃城而逃，被李参了一本。皇帝判翁的哥哥斩刑。翁父听说要处死儿子，当即气死。后来，翁的哥哥由处死改为充军新疆。父死兄徙，全因李鸿章所致，翁岂能善罢甘休。

甲午战前，翁力主开战。他的一个学生劝说，我们实力不如人，无胜利可说。翁回答说，自己正想让他到战场，看他到底是骡子还是马，到时候就有整他的余地了。这里的这个他，就是李鸿章。还没等开战，就有人看他的洋相。

任何事物背后，都有不为人知的细节；任何一段历史，都有让人琢磨不透的地方。这里面，有的让人啼笑皆非，有的让人不寒而栗。历史由偶然到必然，这偶然的因素往往就决定了一些人的生死荣辱、兴衰成败。

大战将临，本该共御外侮，却不承想，翁大人竟然置国家安危于不顾，公报私仇。秉持国政的人，竟然如此谋国，李鸿章怎么能不败？清朝怎么能不败？

后来敌人，慈禧怒令翁向李问策。翁一见李就问，你北洋的军舰在哪里？李气得半天说不出话。后来李转过头去说，你是总理度支，管钱的，平时请求拨款，哪一次不给驳了？现在出事了，你来问兵舰了，兵舰可以依靠吗？翁说，唉，都过去了，我们当臣子的，以节约用钱为尽职尽责啊！

不明白事理的人听了，还以为他为了国家精打细算，怎么清楚这番冠冕堂皇的说辞背后，有那么卑鄙的用心？由此看来，假公济私是小人们的拿手好戏，而公报私仇则是小人们的惯用伎俩。

私人恩怨在所难免，但在大是大非国难当头的时候这样做有失做人的原则。

曹操战宛城时，其子被张绣杀死，他活捉张绣后，听从劝告，收服了张绣，并同他做了儿女亲家。武则天曾问狄仁杰，有人背后说你的坏话，你想知道是谁吗？他说，陛下认为我有错，就指出来臣加以改正。如果您认为我无过，那是我的荣幸，但不想知道是谁。武则天听后赞许良久。

[制胜秘法]

胸中要有正气，要能为大局着想，不要把私人恩怨摆在公家的桌面上。这便是做人做事的准则。

登高望远，胸中有丘壑

明珠下台之后，刑部尚书徐乾学拜左都御史，深得康熙喜爱。按皇帝的旨意，徐乾学诸御史风闻言事，台谏弹劾不避权贵，言路顿开。明珠被郭棉劾罢，朝臣都以为徐乾学暗中主持。于是，朝臣又趋之若鹜。徐乾学同徐秉义、徐元文三兄弟，都以鼎甲而位显朝廷，当时号称“昆山三徐”。他们以诗文负重名，不看重名利，广为结交，同朝中汉大臣高士奇、王鸿绪、陈元龙、王项龄等诗文往来，互相标榜，在朝中，又形成了一个新的派别。如此一来，不但明珠死党对他们恨之入骨，不少朝臣也非常反对。

因而，为时不久，即有原湖广巡抚张沂上疏控告徐乾学纳贿，而后左都御史郭棉又上疏弹劾少詹事高士奇和原任左都御史王鸿绪植党为奸，修撰陈元龙、给事中何楷、编修王项龄依附坏法。郭棉在疏中一一列举高士奇等之罪行，认为高士奇有“四可诛”。

其一，高士奇出身微贱，供奉南书房，本该尽力奉公，以报知遇之恩，却谄附大臣，日思结纳，揽事招摇，以图分肥，致使内外大小臣工，无不知有士奇之名。声名这样显赫，前无一人，其乃沽名钓誉之辈，可杀。

其二，奸贪坏法，无所顾忌。与王鸿绪结为死党，科臣何楷为兄弟，翰林陈元龙为叔侄，鸿绪胞兄王顼龄为子女姻亲，俱寄以心腹，在外招摇。同时，只要是督、抚、臬、藩、府、道、厅、县以及在朝中之大小官员，王鸿绪、何楷等……馈至成千万。即不属党者，也有例外，名曰"平安钱"。高士奇常在朝臣面前标榜"我之门路真"。

其三，贪赃枉法夺取民财。高士奇拥有多处田产房屋，都来历不明。光棍俞子易，在京肆横多年，唯恐事发，遂潜伏于直隶天津、山东洛口等地。后将虎坊桥一幢价值八千金的瓦屋六十余间送给高士奇，以求其庇护。同时，于顺城门斜街并各处房屋，总令心腹置买，并派何楷代他收租金。打磨厂士奇之亲家陈元龙，伙计陈季芳开张缎号，寄顿各处贿银，资本约有40万。此外在其老家平湖县置田产千顷，在杭州西湖、苏、松、淮、扬等地广置田产，修建花园宅院，金银从何而来？

其四，背公行私，欺君灭法。高士奇置皇帝的谕旨于不顾，皇帝告谕严禁馈送，有违者用军法处置，高士奇同王鸿绪竟公然违抗。在淮扬，王鸿绪招揽府厅各官，潜遗士奇，约馈黄金。疏末，郭棉言：王鸿绪、高士奇、何楷、陈元龙、王顼龄等，豺狼成性，鬼蜮其形，蛇蝎其心；畏势者敢见而不敢言，趋利者复拥戴而不肯目。因自己才不避嫌怨，加以弹劾。

对于王鸿绪、高士奇、徐乾学等人，康熙皇帝向来非常器重，但是为了尊重舆论，加之以弹章所引大为事实，康熙二十八年九月，康熙皇帝被迫把王鸿绪、高士奇、陈元龙等打回原籍。十月，副都御史许三礼又穷追猛打，上疏弹劾徐乾学律身不严，言其“乘修史为名，邮于禁廷，与高士奇相为表里，招摇纳贿，物议沸腾。他的儿子树毂不遵成例，朦胧考选御史，明有所悖”。且言“没有好的运气好的言论好的事业，怎么有好的文章?”

康熙皇帝命徐乾学明白回奏，徐乾学唯有乞罢归里。不久，部议许三礼所劾之事不实，遂将许三礼降二级。许三礼不服气，再次上疏弹劾徐乾学，举出考试舞弊、纳贿置产、违禁取利九大罪，而且牵涉徐乾学弟弟徐元文，疏中言：“乾学伊弟拜相之后，与亲家高士奇更加招摇，以致有‘去了余秦桧，来了徐严嵩，乾学似庞涓，是他大长兄’之谣。又有‘万国金珠送澹人，四方宝物归东海’之对。京城三岁小孩都知道。”且指斥徐乾学“顺之则生，逆之则死，权重当时，成例可灭，朝纲可紊”。

康熙皇帝以其所奏多为不实之词，且有借机反复之意，着严饬行。徐乾学也只得再次乞休，康熙皇帝立刻同意其所请，命以书局自随，且亲书“光焰万丈”匾额赐之，以送其行。

言路开放以后，虽治了朋党之争，但也发生了一些不良的后果。臣下有人借机报复，有人以此相互陷害，导致是非不断。康熙三十年以后，康熙皇帝想法消除其不良影响。一方面广开言路，同时，又不为大臣之奏疏所影响。康熙皇帝能抓住问题的实质，不被奏疏的表面现象所迷惑。如景初御史郭棉参劾河道总督靳辅，言其“治河多年，迄无成效。皇上爱民，开浚下河，欲拯淮、扬七州县百姓，而靳辅听信幕客陈潢，想方设法搞破坏，宜加惩处”。

一段时间后，户部尚书王日藻又参劾靳辅屯田累民之事。康熙皇帝并不盲目处事，他让靳辅同主张疏浚的直隶巡抚于成龙辩论，各自说出各自的理由，表示："朕凡事据理持平，岂顾此辈情面乎？况专擅之人，近经黜革，岂更令其专擅乎？"所以，康熙皇帝一方面重视言路，同时又重视调查。为此，他越来越多地指派亲信，明察暗访，因为，各级官吏一般为了各自利益，不据实上奏，而言官之论亦多片面。有了亲信密奏，康熙皇帝就可以更为全面地了解事情的全貌，特别是对互相攻讦的朋党，亲信密奏就可以不带偏见，有利于客观公正地处理事情。

早在康熙二十三年十月，奉差福建、广东的内阁大学士席柱就有着向康熙皇帝密奏的任务。康熙皇帝向他咨询了广东督抚、原任河道总督、江南总督、福建提督等人的情况。而从席柱的密奏中，康熙皇帝也得知了一侍卫至铁索桥挂匾，"彼地督抚，馈银六千余两"之事，康熙后期，康熙皇帝更加重视大臣的密奏，他说："朕令大臣皆奏密折，最有关系，这能使我看清楚很多事情。其所奏之事，或公或私，朕都明白，凡一切奏折，皆朕亲批。"他认为密奏有约束官吏之意："诸王文武大臣等，知有密折，莫测其所言何事，自然克制自己勤政为民。"这样，康熙皇帝就可以不受蒙蔽，并能随时掌握各级官员的动向。同时也在一定程度上阻止了蓄意攻讦、无中生有诬陷之事。因而，康熙皇帝非常得意地说："欲知天下事理，密折胜于微行私访。明太祖、宋太祖都有易服微行之事，此或假为传闻，以警众人耳。这样的事我做不来。若如此行，举国臣民，以有汝等仆隶，未有不识朕者，非徒无益，亦于大体有伤。"后来，在处理一些案件时，康熙皇帝即用密折了解情况，以使事件得到大致公正的处理。像处理两江总督噶礼与江苏巡抚张伯行互讦案件，就是最好的证明。

噶礼为满洲贵族，与满臣阿山等相互勾结。康熙四十四年时，两江总督阿山诬陷江宁知府陈鹏年收受盐典陋规，把他革职查办后关押在江南的监狱里。陈鹏年为官清廉，在江宁深得人心。江宁士民为之痛哭罢市，并质问陈鹏年落职之因。诸生俞养直大呼请保"清廉太守"，若不能保，则愿入狱与陈鹏年同死。

不久，有传言说他冤死狱中，那时，学使正在句容督考，应试生童都说："读书应试，何为也?"连试卷都焚烧了。诸生同士民"如丧考妣"。有人以大逆陈上，后因会审不实，又说陈鹏年曾赶走娼妓，在南市建亭，宣讲圣谕，则是大不敬，论斩。但康熙皇帝从江宁织造曹寅等处获知，陈鹏年系清廉之官，而他南巡之时也有所闻，立刻诏从宽免罪，命人武英殿修书。康熙四十八年，噶礼为两江总督，陈鹏年则为苏州知府，署理布政使职。他任何事都严于执导，噶礼对他十分痛恨，遂上疏康熙皇帝，诬诌陈鹏年所作《游虎丘诗》中有怨愤之语，该诗云："雪艇松龛阅岁时，廿年踪迹鸟鱼知。春风再扫生公石，落照仍衔短簿祠。雨后万松全逻匝，云中双塔半迷离。夕佳停上凭栏处，红叶空山绕梦思。离宫路出云霄上，法驾春留紫翠间。尘鞅删除半晌间，青鞋布幞也看山。楝花风后游人歇，一任鸥鹏数往还。代谢已怜金气尽，再来偏笑石头顽。"

因此，康熙皇帝又通过曹寅等人的密奏了解情况，同时，自己也对陈诗加以分析，觉得并无怨气，便把陈鹏年调回京师，从而使噶礼的阴谋未能得逞。

康熙五十年，噶礼同江南副考赵晋交通关节，红梅一出，一片哗然。江苏巡抚张伯行上疏参劾噶礼监考作弊，勒索银两，揽卖举人。噶礼也弹劾张伯行挟嫌诬陷，不肯出洋捕贼等七大罪状，康熙皇帝派人处理，处理的人因噶礼之母是康熙皇帝乳母而偏袒噶礼，回奏张伯行弹劾之事都不属实，而噶礼弹劾张伯行情况属实，并提出把张伯行降职处分。

康熙皇帝下令将张廷枢复审、书穆和伦，想与从前一样审判。康熙皇帝认为张伯行不会贪赃枉法，清廉公正，因此又下令江苏织造李煦暗中查访案情以及江南百姓之反映。噶礼与张伯行之间的互讦经调查，李煦向康熙皇帝陈事原委，言张伯行受诬、噶礼植党诸事。康熙皇帝立刻根据此密奏，力排众议，果断地处理此案，命张伯行复任，而将噶礼罢免，公正地处理了这个案件。

[制胜秘法]

恩威并施，胸中有大局，康熙皇帝获知很多不为人知的情况，因而在康熙五十一年，他下令扩大秘密奏折的实行范围。大臣、巡抚、总督、提督、总兵都同意密奏。此外，派往各地的钦差，亦有密奏之权。而督抚对钦差大臣在地方上的作为，也可密奏皇帝。这样，一方面同意朝臣及科道员风闻言事，一方面又同意相当一批高级官员密折奏事。因此，康熙皇帝对各级官吏，特别对高级官吏驾驭游刃有余，使得皇权得到了进一步巩固。

要善于通过沟通来达到目的

南宋初年，硝烟四起，朝廷多么需要大帅良将！朝野上下都离不开此类的话题。

这一天，建康（今江苏南京）的行宫内，宋高宗刚要退朝，便听有人禀报：岳元帅求见！高宗皇帝闻听一惊：“岳元帅从抗金前线回来，定有要事禀告。”于是，马上传令召他进宫。

岳飞满面风尘，但气宇轩昂。他叩拜后，向高宗皇帝汇报前线的战事，并有意引到了双方战马的话题。因为他深知高宗喜欢马。

的确，宋高宗马上问道：“爱卿，你最近得到了什么好马吗？”

岳飞意味深长地说：“我以前有两匹好马，它们的食量比普通的食量要大好几倍，而且对食物很挑剔讲究，稍微不洁净就不吃，可是要说本领，那是普通马远远不能相比的。”岳飞说着，看了一眼高宗，见他非常在意，便继续说，“我一早乘马出发，开始那马跑得还不算怎么快，等跑过上百里以后，才飞跑起来。到中午，那马依然飞速不减，后劲十足。至下午酉时（约下午6时），仍能跑200余里，到达目的地后，我卸下鞍鞯，见这两匹马不但气不喘、腿不软，甚至连汗都不出。这样的马一定能托以重任！”

宋高宗很为赞许，刚要问及，只听岳飞叹了一口气：“很不幸，前段时间我的这两匹马先后都死了。”见高宗惋惜地连连摇头，岳飞趁机言道，“现在我乘的这两匹马，食量倒不大，什么样的草料都吃，不管干净不干净。跑起路来，起初时倒是能飞奔一阵，可没跑几百里就没劲了，气喘吁吁，汗水淋淋。这种劣马，易满足，但是爱逞能，还没有后劲，真是不可造之材！”

说到这里，宋高宗终于明白了岳飞的言外之意，他是以马为题，奉劝自己要珍爱人才。虽然其中隐含批评，但不乏忠告，而且又是暗喻，并没有伤到宋高宗的自尊心，所以他很高兴地接纳了，并连声赞誉道："很好！知马善用方能得良马，是良马就更要珍爱它们！"

岳飞很懂得进谏的策略，所以结局很好。因此说语言也是一门很精妙的学问，我们要经常揣摩这些说话的技巧，才会在人际关系中游刃有余。

[制胜秘法]

在我们陈述见解与理由时，我们不能因为自己有理就咄咄逼人，只有尊重对方的见解才能收到好的效果，别人才可能接受你的意见，达到沟通的目的。

家和方能万事兴

战国末年，楚国的实权落到春申君黄歇手中。他是著名的"四公子"之一，广交朋友，食客数千，要风得风，要雨得雨。他治国得手，但是却治家无方。正妻甲与小妾余天天争宠吵闹，搅得家无宁日。打心眼里，春申君是宠爱妾余的，她聪明乖巧，鬼点子多，会讨自己欢心。妻甲呢？虽然人老珠黄，却同自己一同度过了漫长的岁月，现在平步青云了，也应有她一份"苦劳"，所以春申君也不想抛弃她。

妾余见丈夫摇摆不定，便使出歪点子。一天，她找茬同妻甲对骂了半天，估计着春申君要回来了，便回到屋里，把手臂上、脸上抓得血肉模糊，然后跑出房来，正被春申君撞见。

春申君见爱妾变成这等模样，着实心疼，追问怎么回事。妾余边哭边讲，眼泪直往下淌，说妻甲容不得她，要逼她死。

与其死于妻甲之手，不如死在丈夫面前，说着便装出撞墙的架势，被春申君一把抱住。春申君不容妻甲分辩，把妻甲大骂一顿，还不解气，便赶了出去，让她回娘家去住。一步得逞，妾余并不满足。因为妻甲的亲生儿子还在，日后他一旦掌了家权，绝没有自己的好果子吃。干脆，一不做二不休，杀了他，方能巩固自己的地位。决定了以后，妾余又开始了她的第二步计划。瞅准春申君外出，而妻甲之子在家时，妾余自己扯破了衣服，算计着春申君快回来了，便趴在床上哭。

春申君见爱妾掩面埋头大哭，追问何事。妾余把胸前腰间的破衣服抖给春申君看，说“你那宝贝儿子干的好事！瞅准你不在家，对我动手动脚，想行非礼……”春申君是个醋坛子，盛怒之下，把儿子也扫地出门。妾余实现了她的愿望，当起“正宫娘娘”来了。

[制胜秘法]

妾余虽然实现了自己的愿望，但是她的所作所为到最后也不会有什么好下场，同样也是不会得到幸福的。所以这里规劝大家，家和万事兴！

对人要以诚相待

北宋宰相寇准，与张咏是至交，寇准很有谋事之才，有治国兴邦之能，张咏善诗文，有倚马可待之才。两人的共同特点是不卑不亢，为人耿直。

张咏在天府之国做官，西蜀风光非常不错。且不说沃野千里，膏腴泽民，也不说人杰地灵，物华天宝，单说那股子辣味风情，也足以使张咏诗兴豪发，一辈子回味无穷。张咏喜欢与同僚登高临风，一览无余，抒咏豪情壮志，切磋阴阳八卦，望天高云淡，数大雁南飞。某天，同僚们把话题扯到他和寇准身上："听说寇准要当宰相了。你与他可谓是当今双杰。"张咏并没有压人抬己、嫉才妒贤之意，真诚地说："寇公奇才，只是肚子里墨水不够。"

后来，张咏从成都回来，拜访寇准。两个老朋友一见面，不作揖打拱，只拍肩相悦，问长问短，说不完的知心话。寇准摆下百禽宴，盛情款待。酒逢知己千杯少，他们你来我往，杯盏交错，喝得好不痛快。过了一些时候，张咏要回成都了。分手前，寇准诚恳地请张咏赠言指教。张咏是不会说"寇公多多高升"的话的，再升，皇帝放哪儿？也不会说"听君一席话，胜读十年书"之类的恭维话，寇准学术不足嘛！张咏只说了句："《霍光传》不可不读。"

张咏走后，寇准回家后马上找出《汉书》，翻到《霍光传》，慢慢地读了起来，直读到快完了，心头"咯噔"一愣，"光不学无术"一句进入眼帘。寇准一下子明白过来："这是张咏说我的缺点呀！"从此寇准刻苦研读，成了忠贤皆备、文略俱全的好宰相。

酒逢知己千杯少，千杯过后，我们听到的是忠言，虽说逆耳，但它是朋友的真心话。朋友之间就是要这样，能帮助对方真正地纠正缺点，这才是真正的朋友！

[制胜秘法]

孟子把"天时、地利、人和"看做是战争中取胜的三个重要因素，其实，战争如是，政坛如是，干工作事业如是，人生成败亦是如此。人生难得一知己。的确，像张咏同寇准这样的至交已不多见！他们给我们的其实不只是对待朋友要真诚，更要珍惜友谊，善待朋友，这样才能使友谊地久天长！

精诚团结，无坚不摧

崔安潜是唐代人，素有“虽位将相，身听狱讼”的美誉。僖宗时，他代替高骈做了西川的节度使。

崔安潜到任时，西川境内盗贼四起，百姓民心惶惶，社会秩序异常混乱。人们都瞪大眼睛看着这位新节度使，怎么平息境内的盗贼。然而，崔安潜到位后，却没有下令捕捉盗贼，蜀中的百姓都感到非常奇怪，这位节度使是如何想的呢？崔安潜认为：这些人一定有后台，否则他们是不会这样猖狂的。于是，他采取了一个巧妙的办法。

他命令拿出府库中的一些钱，放在各地的闹市上，并且贴出榜文说：“只要是告发、捕捉盗贼的，赏五百钱；如果是同伙告发的，开释无罪。”榜文发出后，老百姓议论纷纷，不少人怀疑：“这个方法是行不通的，为了五百钱，这贼能咬贼吗？”

不久，有一个盗贼绑来一个惯贼。这个惯贼很不服气，大声吆喝“他与我同样干了17年，获赃都是两人平分。他怎么能捉我呢？”崔安潜说：“你既然知道我已发下榜文，为什么你不把他先捉来见官？若是那样的话，受赏的是你，处死的是他。现在，你被他占了先，该你死，还有什么好说的！”而后，当着盗贼面赏钱给告捕的那人，并当众斩杀了被捉来的惯贼。这件事一传开，那些盗贼之间互相猜疑起来了，生怕被告发，也不敢再到过去的窝藏者家了，连夜纷纷散逃出境。此后，这里再也没有一人敢做盗贼了。

在这个故事中我们不难理解，在任何组织中，若其内部产生了猜疑，那么它会很快地瓦解。这就告诫大家，团结是稳定的前提。

[制胜秘法]

如果想攻破一座很坚固的城池，最佳办法就是让它从里面瓦解。如此一来，进攻者就可以不费一兵一卒取得胜利了。这个非常浅显的道理，大家都明白，但是是否能用在实际的生活中呢？

制奇：

勇于创新，出奇制胜

随着时代的快速发展，只有不断更新自己的观念，才能不断适应形势发展的需要。当事业稳定发展，这也是走向下一个成功的关键。要勇于创新，为自己事业的发展多创造机会，无畏前行，取得一个又一个成功。

敢于突破常规，就会有新收获

故事发生于宋朝沧州。有一年沧州下大雨，冲塌了南面的一座古庙，庙前的两只石兽也顺势滚入了河底。很多年后，庙里的和尚们四处云游，化缘筹款，准备重造庙宇。

几经筹建，庙终于落成了，可庙前的石兽一时却请不到高明的石匠打制。和尚们便请人下河打捞那两只落水的石兽。忙碌了好几天还是无功而返。有人猜测说："这两只石兽一定给河水冲到下游去了。"

于是，几个年轻力壮的小伙子，便又去下游打捞了十几里，然而，还是一无所获。大家渐渐灰心了，但又觉得奇怪：如此沉重的石兽，明明掉进河底了，怎么会捞不着呢？难道它飞出水面不成？正当人们对打捞石兽一筹莫展的时候，当地一名德高望重的学者，来指点迷津了："你们真是头脑简单、四肢发达！如此重大的石兽，怎么会冲到下游去呢？石头坚硬沉重，而河底的沙土松浮不实，石兽沉陷河沙里，一定越陷越深，在河底深层了！"

众人听罢，顿时明白过来，于是便划船到庙旧址附近的河里去打捞。有人还在长竹竿上绑住铁器，伸到河底去寻探。大家昼夜奋战，半个多月过去了，可还是徒劳！

这时，有个过路的老船工，弄明白了事情的起因和结果后笑说道："你们总是按常理去想事，怎么不全面考虑一下河底沙土的运动规律呢？河底的石兽没有在下游，也没有在原地。现在，这两只石兽正在河上游的某处睡大觉哩！听我说完其中的道理你们便明白了。因为石头坚实沉重，河沙松浮不实，石兽沉入河底，激流无法冲走它。可激流的不断冲击，却能把石兽下面的泥沙渐渐掏空。激流越冲空穴越大，有一天大到石兽重心失去时，就会跟翻筋斗似的倒在空穴里。在时间的长河里，石兽这样周而复始地运动着，就跑去上游了。不信，你们去上游找找看？”众人按照老船工的指点，划船到几里外的上游去打捞，果真一举捞出了那两只大石兽！

[制胜秘法]

这就告诉我们要善于运用逆向思维，用发展的眼光来看问题，这样才能有进步。

落入水中之物，往往会顺流而下，但也有例外。若一味被想当然的观念所束缚，就不免会做出一些徒劳之事。倘若我们在遇到一些问题的时候突破常规去解决，也许你会有新的收获。用发展的眼光看问题永远都是对的。船工上游捞石兽的故事，就说明了这个道理。

不妨换个角度考虑问题

宋仁宗时，雷简夫被派去雅州（今四川雅安）平定异族叛乱。凭借他的谋略，很快智平叛乱，立刻被任为雅州太守。雷简夫发展生产，开发河道，使川西偏僻的雅州慢慢富强。

这一年夏天，天降大雨，山洪暴发，巨雷劈山，把无数块大石头冲进河道。顷刻间，河道堵塞，河水上涨，漫过堤坎，严重威胁到农田和村庄。当雷简夫接到地方的报告赶到现场时，人们已在那里清理河道中的落石。小石块易清理，手扒人传，送到岸上。中等的石块就用大绳拴住，岸上的人用力拖拉，把它拉到岸边，再弄上岸去。最终，河道中只剩下十数块大石块了，小的有半间房大，大的还如房屋、院子一般。这些大石块，任凭人怎么推拉，就像生了根一样，在河道中一动不动。

这些大石块对河道威胁很大，它们立在河道中，水流便左冲右突，有的石块直把水流逼得横冲向堤岸，不排除它们，河道的险情就排除不了，如何是好？众人商量了半天，有的说把它们凿小了，搬上岸去；有的说拴上大绳用几十头牛拉……但最后都觉得不合适。这时，雷简夫沉思了半天，开口说：“我们换一种方法。在大石块下流处挖一大坑，坑大得足以容下石头，然后把大石块顺流推动，让它落在坑中，怎样？”大家一听，觉得是好办法，忙组织人在大石块下流处挖坑。挖够一个坑，就系上大绳，将大石顺水拖去，石块一动，刚好跌进坑中。这样一来，不消半天工夫，那些大石块都被拉进坑中，疏通了河道，排除了险情。

雷简夫打破常规想办法，变向岸上“搬”石块为向水下“埋”石块，不消花大力气就解决了按常理难以解决的问题。

[制胜秘法]

一个问题出现时，按常规做不行时，换一个方式去思考，常常会柳暗花明、获得转机。正所谓条条道路通罗马。要思维灵活，就可以使问题顺利得以解决。

有胆有识获自救

明朝某官宦人家，有个5岁的小孩，聪颖过人，活泼机灵，人见人爱。元宵佳节，老家人背着他上街观灯。今年的灯会特别热闹，街上红男绿女，熙熙攘攘，个个兴高采烈，人人流连忘返。老家人正出神观灯，回头一看，不见了5岁的孩子，忙四处查看，也不见小主人的踪影！再说那五龄童也在出神看灯，刚好人潮一涌动，忽觉身子一掀，两手脱离了老家人的肩膀，等再抓到老家人肩膀时，眼前的灯队又变了花样，便专神看表演去了。但稍过片刻，五龄童就觉得情况有异，背他的人往人少的地方跑。再细一确认，那人衣着、身影都不似家中老仆，他才知道自己被骗子拐跑了。

背他之人果真是个骗子，外号“雕儿手”，生得精悍，他见五龄童衣着华丽，尤其是一顶帽子镶嵌着一颗硕大的“猫儿眼”宝石，就使出绝技，准备背到僻静处再取他的衣帽，因而远离灯市，专拣小路僻巷行走。五龄童年纪虽小，却很有心计，他不出声音，佯装不知受骗，想着脱身之计，他先想到帽子值钱，所以将帽子取下，藏在袍袖之中。“雕儿手”是个骗子行家，虽然后脑看不见，但已发觉了五龄童的举动，心里不免暗暗得意：毕竟是小孩子家，你人在我手里，把帽子藏起又有何用，也默不作声，继续向偏僻处快跑。脚步交错，他觉得背上的孩子竟伏在他肩上睡着了，便更觉得意。这下省事了，即使在路上遇到人也不会碍事。

正当他转入一条小巷，迎面过来一乘轿子，“雕儿手”便向路边稍候，让那那轿子过去。正当轿子擦肩而过时，五龄童向轿内大声喊道：“叔叔快来救我！”这一喊声，吓得“雕儿手”连忙将他扔下，折回原路，混到人群中。原来，五龄童刚才是假装睡着，以麻痹骗子，轿中之人也不是他的“叔叔”与熟人，却是一个突发急病要去求诊的老妇人，那病妇问明了原委，将五龄童交给了巡街的官员。那巡街的官员认识五龄童，自己身为巡街官员，职责攸关，便想抓到骗子，将功赎罪，也好交待。他问五龄童："那骗子长得如何相貌？"

五龄童眼珠一转，回答道："我趴在他的背上，如何看得见骗子的面容？"巡街官员自觉问得可笑，不知道该从何下手的时候，五龄童又笑着说："不过我已在那骗子身上留下记号。"原来，五龄童所戴之帽上，有母亲插上的一枚避邪金针。五龄童在藏帽的时候，偷偷地将金针穿在那"雕儿手"的衣服上。巡街官员便封锁路口，一会儿就在人群中找到了"雕儿手"。

且说那老家人因找不到小主人，回家报告了这一切。全家一片慌乱的时候，五龄童却笑嘻嘻地回来了，合家上下转忧为喜，都夸他聪敏乖巧。

再看一则关于一个男孩智斗强盗的故事吧。

唐朝时候，郴州经常有强盗出没。有一个叫区寄的孩子，以打柴放牛为生。有一天，他在山坡上放牛。忽然，从树林里蹿出两个凶恶的强盗。区寄没有回过神来，就被强盗用布堵上了嘴，反绑着两只手带走了。大约走了几十里地的样子，区寄明白了：原来他们是想把我弄到前面集市上卖掉。有何办法才能得救呢？区寄佯出一副害怕的样子，全身颤抖，"呜呜"地哭着。两个强盗见他怕得直哭，便放松警惕，大口地喝起酒来。一会儿，就喝得醉醺醺的。其中一个强盗摇摇晃晃地站起来，到集市上去找买主。另一个强盗见区寄还在哭，顺手把刀往地上一插，依着大树打起鼾来。区寄见强盗睡得如死猪一样，就悄悄地挪到刀旁，对准锋利的刀刃，割断了捆绑双手的绳子。他拔起刀，紧紧握在手中，看准强盗的喉，猛地砍下去。强盗还没来得及吭一声，就去见阎王爷了。区寄扔下刀，转身就跑。他没跑多远，就撞上了那个从集市回来的强盗。强盗非常吃惊，急忙拦住他，又见大树下的同伴被杀，就举起刀，要把区寄杀掉。

区寄看着凶神恶煞的强盗，装出死而无憾的样子。强盗吼叫道："小东西，死到临头，难道不害怕吗?"区寄机智地说："我给你们俩人当仆人，哪有给你一人当仆人好啊！他对我不好，我没办法，只好杀掉他。你若对我好，让我干什么都行。"

强盗听了他的话，心里盘算着："对，同伴死得正好。我若杀了这孩子，还不如卖掉他，自己得钱呢。"想到这里，强盗忙把同伴的尸体藏起来，绑着区寄，到了买主的住处。强盗这次不敢大意了，便把他捆了起来。

到了半夜，区寄偷偷一瞧，强盗睡着了。可是刀在强盗身旁，没法割断绳子，如何是好?他见到屋子中的火盆，喷着蓝蓝的火苗，便有了主意。他转过身，悄悄地挨近火盆，让火苗烧烤手上的绳子。火把他的手烧起了泡，钻心地疼，他咬紧牙关坚持着，一声也不吭。绳子终于被烧断了。区寄蹑手蹑脚地来到强盗身旁，举起刀，用尽全身力气向强盗砍去。区寄杀了这个强盗之后，站在院子里大喊："快来人啊！快来人啊！"睡梦中的人们听到喊声，不知何事，都跑出来看。区寄大声说："我是区家的孩子，不应该给别人当奴隶。两个强盗抓住我，要把我卖掉，我杀了他们。一人做事一人当，你们带我报告官府吧，我不连累大家。"

毕竟是人命关天。区寄最后被送到一个叫颜正的大官那儿。大官问清楚情况，不但没判他的罪，还说他机智勇敢，要留之当差。区寄宁愿回家去放牛，也不愿给这些大官当差人。他唱着歌儿，回家去了。家乡一带的强盗听说了这件事，都吓得胆战心惊，谁都不敢从他家门口儿过。老百姓却夸奖说：“区寄智除两强盗，真是个了不起的小勇士啊！”

如今，这种拐卖儿童的事件很多，所以，小朋友们更应学习区寄这种处变不惊的有胆有识的精神。

[制胜秘法]

在困境中时，一定要有胆识与勇气和处乱不惊的本领，这样遇到突发的任何变故才能够做到临危不乱、静若泰山，能够把握时机给予反击，来解救自己。

大胆创新，不拘一格

清朝时，江宁县陈家的女儿许给了李家的儿子。陈父嫁女索要彩礼，而李家贫寒拿不出这重礼，致使这对青年男女迟迟不能完婚。当地一淫秽和尚得知后，奸污了这个陈女。这秃驴很有钱，收买了一班流氓地痞、衙吏乡绅做帮凶，陈女在他的逼威下，做了他的情妇。乡中有些无赖知道后，想借此诈取钱财。一天晚上，他们夜潜陈家院外，果然将他们当场抓获并押赴县衙。当时的县太爷是袁子才，他问明原委后，把奸夫淫妇分别拘押，又进行了单独审问。陈女向袁子才哭诉了自己被逼通奸的经过。末了，又表明了她对未婚夫的眷恋之情。袁子才据情分析，若判此案为通奸，又觉冤了陈女，判和尚强奸又说不过去，他们毕竟同居了一个月。既然陈女还眷恋着未婚夫，就想成全她。于是，袁子才把和尚秘密提到县衙，训斥一顿后让他写了一张 200 两银子的借据。随后脱下他的和尚服，叫他滚蛋了。袁子才叫来家里一位女仆，细说了计划后，叫她穿上和尚服，走进了拘留所。

袁子才升堂，审问陈女时她只闷头不语，审问“奸夫”答曰同陈女同居一月有余。袁子才怒道：“可恶秃奴！出家人竟霸占民女，真是有辱佛门净地！来呀，重打40板！”衙役们不容分说，当堂脱下奸夫的裤子，都傻了眼：原来这奸夫是女的！有衙役禀道：“大老爷，这个人是尼姑，不是和尚！”

袁子才忍住笑，也惊讶得半天无语。忽然指着那帮捉奸的无赖们，喝斥道：“你们竟敢捉个女奸夫戏弄本官！真是活烦了，来人呀！乱棒打出。”那帮无赖还未回过神，就遭到了棍棒的袭击，一个个抱头鼠窜了。

袁子才令人将李家之子找来谈话，试探他对陈女的感情，李某也闻知了“尼姑”之事，便原谅了未婚妻。袁子才问：“若有人帮你出彩礼，你会与陈女结婚吗?”李某说：“会的。不过帮助我的人钱要来得正当。”袁子才一指案面：“好！听此言，便知你是有志之士！”他又和言道，“我可以帮你，这钱是给你结婚的。不是我的也不是不义之财。总之它光明正大，你不会认为本官居心叵测吧?”

“多谢大老爷恩赐，您为官清廉，人人皆知。”李某诚恳地给袁子才叩了一个头。袁子才说：“你明天在家静候，自然有人送钱来。你只要把钱收下就行了。”

第二天，李某收到了200两银子，他马上向陈家送了彩礼，这对有情人，在袁子才的巧计撮合下，终于成了眷属。

案子如此了结，袁子才保住了这位姑娘的名声，还为这对苦命鸳鸯解决了婚嫁，若袁子才按照条规来办，那么案子的结局就是一场悲剧。

[制胜秘法]

做事情，要不拘一格，不断突破各式各样的陈规束缚，根据事情的发展、所处的环境来提出新办法，只有这样，处理事情才能得心应手。

思路的突破决定你事业的突破

春秋时期，鲁定公为了捉拿阳虎，让人将所有城门都严守起来，然后在城里四处搜捕。阳虎被追赶至一个城门口。守门的人见他如此落魄，动了怜悯之心，便对阳虎说："天下的事情谁也猜不透，这次我就放你逃出去吧。"阳虎听了感激万分，没来得及说什么就慌忙逃出了城门。

刚走出不远，阳虎又折回来，守门兵士以为阳虎有什么话要说，就迎上前去。但他万万没想到，阳虎突然用剑将他刺伤。守门兵士捂着伤口，忿忿不平地对阳虎说："我本来同你没有什么交情，私放已经犯了杀头之罪，你为何要恩将仇报，反来伤害我？"

鲁定公听说阳虎逃走了，大怒，便要拿守城门的人问罪。于是，凡是把守这个城门的人，都被抓起来送到国君这里。凡是没有受伤的人都被判罪，而被阳虎刺伤的那个人却受到了国君的重赏。

守门兵士冒着生命危险，救了阳虎的一条性命，这对阳虎而言，是再造之恩。可阳虎却刺伤了他，看似恩将仇报，实则是报恩。因为阳虎站在士兵的角度考虑这个问题，想到他可能面临的麻烦。要犯从城门逃走了，门卫若不受伤，就难以交待。

任何事情都要多方面考虑。若你是商家，为了吸引顾客，你要站在顾客的角度考虑问题；为了打败竞争对手，你要站在对手的角度考虑问题。这叫双向思考。

1983年圣诞节前夕，一架波音747飞机由香港飞至美国。飞机上运载的不是客人，而是10万个布制的洋娃娃。这些布娃娃是一个美国商人定做的，他想到在现代美国家庭中，单亲家庭多，父母同孩子沟通少，孩子们常常有寂寞感，布娃娃是他们最好的寄托。

同时，玩具制造商还准确把握了孩子的心理，把布娃娃塑造成一种有生命的东西，称它为“椰菜田里的孩子”。人们只能用“领养”的方式来获得，购买者要签署“领养证”，保证好好照顾它。通过办理领养手续，布娃娃与买者建立了“养子和养父母”的关系，使买者对布娃娃产生亲切感。在每个布娃娃身上，都附有“出生证明”。布娃娃一岁生日那天，经销商会给它寄上生日贺卡。美国还设立了“娃娃总医院”，那里的职员都扮成医生与护士，玩具娃娃放在摇篮里或育婴箱里，等待收养。

[制胜秘法]

同样一个世界，你换位思考，会发现它呈现出不同的景象。思路的突破决定你事业的突破。

开明心胸，有能者即可上

读书可以通过科考来做官，庄稼种好了为什么不能做官？其实种好庄稼也是一门学问。

让有经验的老农当官，这可以说是雍正为发展农业而采取的另一个出人意料的办法。这也许是独创。而创新精神是任何一位有进取心又勇于开拓的帝王的一大特点。

雍正二年，雍正指出："农人辛苦劳作以供租赋，不仅工商不及，不肖士大夫亦不及也！"在这里，他把农民捧高了，认为农民靠辛勤劳动的成果供给政府租赋，支援国家，这样巨大的贡献非但工商业者无法比拟，就是连那些不肖的官僚也无法与农民的贡献相比——雍正的这一观点有失偏颇，但对于一个封建帝王来说，能关注到农民的不易已是难能可贵了。同时，他重视农业与推崇农民的做法也很值得人借鉴。

在雍正看来，农民有这么大的贡献，那就应该论功行赏，给个官儿做。因此雍正下令各州县官员，每年必在各乡中选择一两个勤劳俭朴又无有过失的老年农民，授给他们八品顶戴，来嘉奖他们。

自然，老农这官儿还是难当，雍正之所以授予他们顶戴，就是要在农民中树立楷模，以便众人仿效，提高垦田耕种的积极性。同时，农官还有另外的任务，那就是他们有责任用他们的先进经验指导当地的农业生产，共同致富。

雍正这个办法，非常值得后世深思。试想，一个封建帝王，久居深宫，又怎么会有如此超前的意识呢？其实不足为奇，奥秘在于雍正的亲民意识、民本思想与从实际出发，以及注重社会现实探索。话虽这样说，真正能做到老百姓心坎上非常困难。无可否认，雍正的这一举措的确是非常超前的，因为他所处的时代，是 18 世纪初期，距今大概有 278 年的历史。

没有无源之水，不存在无根之木。如前所说，雍正的这一举措，也是根据当时的实际情况提出的。那个时候，清朝地方政府，只有管税收的官吏，却没有指导生产的政府机构。也就是说，当时的各级地方政府只管向老百姓要钱要粮，却从未从投入方面着眼，从根本上考虑问题，只管索取，并不过问老百姓的生产生活。这就引起当时的农业生产乏力的局面，这种局面严重地阻碍了社会发展。所以，雍正才根据实际情况，设立农官一职，以督促与指导农业生产。

农官的设立，史无前例，其中还存在着不少的缺陷，甚至可以叫做滑稽——老农当官，头顶着顶戴花翎，却要冒着严寒酷暑，出入于田间地垄，锄禾挥汗。这不但滑稽可笑，同时也有违伦理。此外，更有甚者，则是地方上某些乡绅无赖，往往靠贿赂的方式就能得到这个顶戴，并借此大要淫威，有意思的是，有些无赖乡绅，竟借此自称某县“左堂”（所谓左堂，亦即县太爷为右堂，自己则为左堂，意即同县太爷平起平坐的意思），私设牢狱、建立衙门，以朝廷八品大员自命，竟公然要朝廷九品检服从他的命令。至此，这非农非官的农官就背离了雍正刚开始设此一职的本意。

发现问题后，雍正立即命令把那些冒充的农官革退，另选合适人选补缺，并同意那些不法的农官和其举荐官员自首，对拒不自首的则严惩不贷。在他的命令下，那些劣绅无赖只好乖乖就范。

这件事，让人看出雍正的心智过人，既能大力推行改革，又能及时纠正改革中出现的弊端。这不但需要改革者有坚韧不拔的决心与心智，同时还要求改革者有勇于承认错误的勇气与度量。而雍正，正是这样的一位改革者。从中也可以看出雍正敢做天下人都不敢做的事的胆略。

[制胜秘法]

有些人只知己，而不知人，其弊端是自以为是。雍正对这种人深恶痛绝，警告他们应当知人知己。雍正眼界开阔，做到以农为官，可以说吏治开明。

瞒天过海，巧借他力

在清朝政府的官场中，盛行走后门，让人写推荐信来谋取官位。但是军机大臣左宗棠从不写推荐信，他说："有用之材必有可用之处。"左宗棠有个知己好友的儿子，名叫黄兰阶，在福建候补知县多年也没候到实缺。他见别人都有大官推荐，想到父亲生前与左宗棠非常要好，就跑到北京来找左宗棠。左宗棠见了老朋友的儿子，十分客气，但当黄兰阶一提出想让他写推荐信给福建总督时，立刻翻脸，几句话就将黄兰阶打发走了。

黄兰阶非常气恨，离开左相府，就闲踱到琉璃厂看书画散心。忽然，他见到一个小店老板学写左宗棠的字体，非常相像，心中一动，便有了一条计策。

"给我写柄扇子，落个款。"黄兰阶对店主说。店主拿过扇子，落上左宗棠的款。黄兰阶手摇扇子，得意地返回福州。

这天，是例行参见总督的日子，黄兰阶手摇纸扇，便去见总督，总督很奇怪，问道："外面很热吗？都立秋时节，老兄还拿扇子摇个不停。"

黄兰阶把扇子一晃："不瞒大帅，外边天气并不太热，因为是左大人所赠，所以舍不得放手。"

总督听了大吃一惊，心想：我原以为这姓黄的没有后台，所以候补几年也没给他放实缺，没想到他却有这么一个大后台。左宗棠天天都和皇上打交道，他若恨我，只消在皇上面前说个一句半句，我可消受不起。总督要过黄兰阶的扇子仔细察看，确系左宗棠笔迹，一点儿不差。他将扇子还与黄兰阶，非常不开心地回到后堂，找到师爷商讨此事。

师爷一听笑道："大帅放心，左宗棠眼下不会害你，他向来不替人写荐书，这柄扇子其实就等于是推荐信了。赏他一个小官做就行了，左宗棠就会高兴了。否则……"

总督笑了："好！明天就给他挂牌放任知县好了。"

如此一来，黄兰阶巧妙地"借"左大人的"光"弄了个七品知县，并且在左大人的"光罩"下，不几年又升到四品道台。总督每次进京，见到左宗棠，讨好地说："中堂大人故友之子黄兰阶，已在敝省当了道台了。"

左宗棠笑道："是嘛！那次他来求我，我就对他说：'只要有本事，自有识货人。'老兄就很识人才嘛！"总督出了左宗棠的相府，自言自语道："看来我重用黄兰阶还真是对的。"

[制胜秘法]

借光攀升一向是被人看不起的，但那些求权"若渴"者，只顾红顶加冠，官至极品，可不管别人说他们是君子还是小人，哪怕人前大人，人后小人，他们就觉得风光无限！黄兰阶借一柄摇扇获取官位，个中"玄机"不外乎权力的"魔力"效应。

黄兰阶凭着一柄摇扇，采用瞒天过海之计，官至四品道台，真是"欺世盗名"，"借光"有途。虽然成功了，却为君子所不齿。

人要不断学习新知识

东吴名将吕蒙，少贫，没有条件读书。但是他作战英勇，屡立战功。孙权继位后，就提升吕蒙为平北都尉。

建安十三年（208），孙权派吕蒙为先锋，亲自攻打黄祖，以报杀父之仇。吕蒙不负众望，他斩了黄祖，胜利回师，被封为横野中郎将。

但吕蒙有个缺陷，带兵镇守一方，每向孙权报告军情时，只能口传，不能书写，非常不方便。一天，孙权对吕蒙与蒋钦说："你们从十五六岁开始，一年到头打仗，没有时间读书，现在做了将军，就得多读些书呀。"吕蒙说："忙啊！"孙权说："再忙也没有我忙！我不是要你做个寻章摘句的老夫子，只要你粗略地多看看书，多知道一些以前的事情。"说着给他列出详细的书单，包括《孙子兵法》、《左传》、《六韬》、《史记》、《国语》、《汉书》等。

在孙权的启发与鼓励下，吕蒙开始努力学习，后来竟到了博览群书的地步。

鲁肃担任都督的时候，常以老眼光来看待吕蒙，以为吕蒙只是一个武夫。有一次，鲁肃路过吕蒙的驻防地区与他言谈，吕蒙问鲁肃："您肩负重任，对于相邻的守将关羽而言，您做了哪些防止突然袭击的部署？"鲁肃说："这个，我还没考虑过！"吕蒙就向鲁肃说出了吴蜀的形势，提了五点建议。鲁肃听了大为赞叹，赞扬吕蒙见识非凡，以为吕蒙已是一个文武双全的全才。鲁肃走到吕蒙跟前，拍拍吕蒙的后背说："真是聪明一时，糊涂一世，吕兄进展如斯，把我蒙在鼓里，先前总以为你只有勇武，不想，听君一席话，茅塞顿开，原来吕兄也是有学识之人，可笑愚弟走了眼。”

吕蒙一笑说：“士别三日，应该另眼相看，况且你我之别，远非三日，哪里知道我的变化，今日一叙，不可同日而语了。”

打那以后，鲁肃同吕蒙成了好朋友。不久他又接替鲁肃统率东吴的军队，成为一代名将。

吕蒙转型很快，从一介武夫，脱胎换骨为将才，靠的就是读书，不断地充电。

也有人埋怨，以前在学校的时候也很爱读书，一参加工作就没有时间了。这是不对的。平时再忙，也要读一些好书，像和自己工作密切相关的书，对为人处事、修养有益的书，开阔自己眼界的书，等等。除此之外，一些同工作有关的课程与培训也得留意，若有机会就抓紧向上司申请，即使自费也值。

古代有这样一个寓言故事：

两个和尚住在相邻的庙里，这两座山之间有一条河，两个和尚天天都会在同一时间下山去河边挑水，时间一长便成了朋友。

不知不觉五年过去了，一天左边那座山的和尚没有下山，右边那座山的和尚心想：“他大概睡过头了。”没放在心上。哪知第二天，左边这座山的和尚还是没有下山挑水。一个星期过去了，右边那座山的和尚心想：“我的朋友可能生病了，我要去看看能帮他什么。”等他看到老友之后，非常惊讶，因为他的老友正在庙前打太极拳，一点儿也不像一个星期没喝水的样子。他好奇地问：“你已经一个星期没下山挑水了，你就不喝水了？”朋友带他走到庙的后院，指着一口井说：“这

5 年来，我每天做完功课后都会抽空挖这口井，即使有时很忙，挖一点是一点。如今，终于让我挖出了水，就省了挑的工夫，可以有更多的时间练我喜欢的太极拳了。”

[制胜秘法]

在工作中，就算你的薪水、股票拿得再多，那也只是“挑水”。别忘记把握下班后的时间不断充实自己，挖一口属于自己的井，培养自己某一方面的实力。为明天放飞希望，今天的努力就是未来的希望。岁月不饶人，年纪大了，挑不动水时，你还会有水喝吗？

审时度势，有胆识冒大险成大事

至正三年五月，黄河在白茅堤决口。至正四年五月大雨20 多天，黄河水暴涨，根据历史记载，当时“平地水深二尺，方圆一带都被淹没，伤者无数，惨不忍睹”。在元朝，除富饶的江南外，中原一带一片灾荒，这就是说，元朝各级政府在税收等方面将要遭受很大的损失。

当权者发誓要同灾害作斗争，堵黄河决口，工程量很大，需征调大批民工；另外，更关键的因素还是，起义军在河南一带正在积极地活动，工程如此巨大，没有庞大的民工队伍是不行的。这是问题的根源，如果本身就满怀怨恨的民工万一与疯狂的起义军结集在一起，那么，事情岂不更麻烦了？

当时负责这项工程的工部尚书兼河防使贾鲁对面临的形势分析后，对丞相脱脱说：“根据面临的形势，如果处理不当，我看就不好收场了……”

一心要堵口的丞相根本听不进任何意见，他执意要动工。他任命水利专家贾鲁为工部尚书兼河防使；唤取各地民工 15 万，戍军 2 万人，治理黄河。十几万民工从黄陵冈（今河南兰考东）开挖，南到白茅堤，西到阳青村，全长 140 公里有余。主要是疏通河床，使河水东流，回归故道。整个工程耗费资金数亿。

黄河一再决口，多次泛滥，河两岸的百姓流离失所，家破人亡，原本这里的百姓就很少，可这些人还要遭受瘟疫的折磨。现在官府又要让他们去挖河，监工与官吏对他们不仅克扣口粮，还时常鞭打他们，让他们身处绝境，受着沉重的欺压。河南、河北的广大民工怨声载道，整个修河的工地上，堆满了仇恨的干柴，星星之火大有燎原之势。

“变钞”与“开河”成为农民起义的导火线。那个时候民间到处传诵着一首《醉太平小令》：“堂堂大元，奸佞当权，开河变钞祸根源，惹红军万千。官法滥，黎民怨，刑法重。人吃人，钞买钞，何曾见，贼做官，混贤愚，官做贼，哀哉可怜！”百姓们抒发了积压的怨气，全国到处怨声不断，暴风雨就要来临。

明教教主韩山童与他的徒弟刘福通以及韩林儿、杜遵道看到时机已到，便巧妙策划、准备发动起义。刚开始编了一句童谣，“石人一只眼，挑动黄河天下反”，让人大为流传，然后又刻了一个只有一只眼睛的石人，并在石人的背上也刻上了“莫道石人一只眼，此物一出天下反”的字样，随后将石人埋在施工必经之地黄陵冈附近。

刚开始，怨愤的民工们半信半疑，可当他们在施工中把那个独眼石人挖掘出来时，全信了，人心大为震动。工程做完以后，他们当中的很多人都跑到韩山童的红巾军之列去了。

韩山童的队伍很快壮大。

从那以后，韩山童就宣称他是宋徽宗的第八代子孙，本应成为中国皇帝，而刘福通则是宋朝大将刘世光的后人，推翻元朝、辅佐旧主起义是理所当然的事情。于是，手下都推举韩山童为明王，大干一场。在起义的前一天，他们杀白马黑牛，向上天起誓，说要起义了，以红巾为号。不慎泄露风声，官兵包围了起义军所在地，刘福通率众苦战冲出重围。韩山童不幸被捕牺牲，他的家人乘乱逃出重围。刘福通得以脱身之后，马上号召起义军提前起义了。五月初三，刘福通出其不意地率众攻占了罗山、颍州、正阳、上蔡、霍山等地。黄陵冈的民工们得到消息，杀了监工，头上包了红巾，与刘福通领导的主力集合在一起。

在刘福通的鼓舞下，各地的起义队伍也风起云涌，至正十一年（1351）八月，邳州（今江苏邳县）人李二与赵都用、彭大等八人伪装成河工，采取里应外合的方式，智取徐州城。天亮后树旗募兵，众至十余万，接连攻取宿州（今安徽宿县）、五河、虹县、灵璧，乃至安丰（今安徽寿县）等县。十二月，邓州（今河南邓县）布贩王权也同张椿起兵，攻占了河南不少州县，被称为“北琐红军”。至正十二年（1352）正月，孟海马等人也发动起义，占领了襄阳等地，被称为“南琐红军”。

这些起义的红巾军，都由刘福通指挥，他们全都信奉白莲教，被统称为“北方红巾军”。

至正十一年（1351）夏天，彭莹玉于江淮率众起义，响应刘福通。同年八月，邹普胜与徐寿辉于蕲州起兵，十月在蕲水建农民政权，国号“宋”，后改天完（取压倒“大元”之意）。很快，起义军兵分两路：一路占领武昌、江陵，另一路夺取长江中、下游及浙、闽地区。这个部队同样头裹红巾，又叫做红巾军。他们每到一个地方，都严守军纪，不烧杀抢夺，不奸淫掳掠，因而深受百姓拥护。这支军队士气高涨，所到之处，都节节胜利。他们救济百姓，开仓放粮，因为他们都在南方一带活动，所以被称为“南方红巾军”。那个时候大江南北流传着一首民谣：

“天遣魔军杀不平人（不公平的人），不平人（被不公平对待的人）杀不平人（不公平的人），不平人（被不公平对待的人）杀不平者（不公平的人），杀尽不平（不公平的人）方太平。”

农民起义波及到了朱元璋的家乡，至正十二年（1352），濠洲的郭子兴宣布起义，也组织了一支红巾军。

郭子兴是定远县（今安徽定远）人，出身豪强，原籍曹州（今山东曹县）。他父亲于定远卖卦相命时，娶了当地大地主的瞎女儿为妻，便得以有了一份财产，定居定远，成为当地有名的地主。郭子兴兄弟三人，他排行老二。郭子兴亲眼看了元朝的腐败，感觉元朝大势已去，天下将会有变，于是，他把自己家的财产分给贫苦的老百姓与囊中羞涩的侠士，结交了不少的英雄豪杰，带领大家烧香，加入白莲教。刘福通起义后，他决定联合孙德崖等人起兵响应，没多久，召集了数万人。二月二十七日，他带兵趁夜里应外合，攻下濠州。

郭子兴攻克濠州的时候，元朝也派来了一支军队，然而这支军队却腐化不堪，整天里沉湎于酒色，也不训练，面对汹涌的农民起义浪潮，非常害怕。他们不敢贸然进攻，为了向上级邀功领赏，每天派人去抓年轻的壮丁，抓来后给他们裹上红布冒充红巾军，算是俘虏，以便交差。老百姓受不了元军的欺压，呼朋唤友，到濠州投奔起义军去了。

在皇觉寺的朱元璋并不是在事不通晓的阁楼中，外边发生的轰轰烈烈的一切事情他都有所耳闻，他的心早已飞出了皇觉寺。各处红巾军的行动让他非常高兴，特别是彭莹玉说的那句“贫极江南，富夸塞北”的话更让他心潮澎湃，说到他心窝里去了。

想想，可不是吗？自己一家人以前种庄稼，一年到头劳碌辛苦，收了粮食，却吃草根树皮！什么好东西，珍宝财富，粮食布帛，都给刮空了运到北边！种庄稼的为什么苦？为什么穷？一辈一辈受熬煎呢？因为以前穷人命苦，这两句话却表明出穷、苦，辈辈受熬煎的理由。如要活命，就得改变这个局面，推翻吃人的朝廷。

我们明白，在现实生活中，一个人就算有通天的本领，若不被人发现，不给以引荐、使用，并且不是放心大胆地去任用，那么日久天长，你的那点才华就会被埋没。这就是人们常说的“枉有一身本领，而苦于无用武之地”的道理。

尽管在皇觉寺的朱元璋审时度势，现在是走出寺门，大显身手之时，但是却苦于没人引荐，没有投靠与出走的准确方向。干这种同政府对抗的事，比不了当游方和尚那样走到哪儿算哪儿。因为本身身处濠州，对濠州的消息听得格外多些，也格外敏感，起初朱元璋原本打算投到郭子兴的手下去，后来又听说，濠州城里的那五个元帅，各自发令，各自为政，谁也不听谁的，谁也不服谁，一句话，无法合在一起。

“在大兵压境的情况下，内部团结这样糟糕，就敢跟元兵对仗？就能打败元兵？如果我去了，弄不好在内部自相残杀中还会把自家性命丢掉呢。”朱元璋如此忧虑着，立刻打消了投奔郭子兴的念头。这段时间，他就像一头被困在笼子中的野兽，急得团团转，不知怎样才好。不过紧接着，机会，或者说人生转折便开始了——

清晨，有个红巾军打扮的汉子专程从濠州方面给他带来一封信，信是少年同伴汤和写给他的。朱元璋不得不躲在泥佛像后边慢慢看。信中说，汤和带着十来个小伙子，早已投奔到郭子兴的麾下去了，如今做得很不错，心情也非常舒畅，日前汤和已擢升为“千户”了，比当佃农不知强出了多少倍。“很明显，我给你写信的目的，”汤和如此写道，“是让你也到这儿来，参加红巾军，参加推翻元朝，光复汉朝，像郭元帅所言，建立属于汉人的政权。到时候，说不定咱们兄弟们还能混个一官半职做呢。再者，你一个男子汉大丈夫，难道要在寺庙里当一辈子无所事事的和尚吗？……”

朱元璋看完信后，心里长了个疙瘩。他在大殿上踱过去，踱过来，反复思索，猛然醒悟，把信就着长明灯烧了，难下决心。直到有一天，有个师兄悄悄告诉他，全皇觉寺的人都明白他跟外面的红巾军有密切联系，因为汤和派来的那个信使他们全都看见了。师兄胆战心惊地说：“你若再不出走，他们准会把你捉拿了送给官府请赏的。”

看来不出走是不行了，朱元璋心里非常混乱。即使在这个生命攸关的时候，他仍然有些犹豫。朱元璋没有任何办法，便去找刚从外乡回来的周德兴，商量对策。周德兴出主意让他去占卜，以吉凶决定去留。朱元璋忐忑不安地返回寺里，准备算上一命，不想还没到寺里，就闻到一股烟味，跑去一看，大火把寺庙烧了一大半。原来元朝军队以为僧寺里供着弥勒佛，红巾军念弥勒佛号，怕和尚给红巾军做间谍，把附近的寺庙都抢光烧光了，今天轮到了皇觉寺。朱元璋呆了一阵，知道寺里再也停留不得了，下定决心参加红巾军队伍里去。向伽蓝神焚香磕头问卜，结果逃与留都不吉。再卜一卦是否应参加义军造反，反而大吉。朱元璋下定决心，前去投奔郭子兴。后来，朱元璋在《皇陵碑》中回忆当时情景：“……好友寄来书信，劝我参加义军，又惊又恐，正在犹豫不定，此事却被别人发觉，声言要告官府。形势非常危急，算上一卦，结果逃亡与留守皆不吉，只有投军方大吉。”这就是朱元璋胜人一筹的地方，他向世人表明，他投奔起义军的决心是神灵所示，他的行为是受命于天，受菩萨保佑的。

至正十二年（1352）闰三月初一，朱元璋身着袈裟，来到濠州城下。濠州城戒备森严，元军在城外15公里处驻扎着。他们不敢轻易攻城，但也是屯营，同红巾军相对峙，故濠州城上、城下哨兵林立，气氛特别紧张。天刚亮，守城义军见一个和尚站在城下，便问他是干什么的，朱元璋回答说他是来投奔红巾军的。红巾军兵卒见他穿得非常破烂，又是个和尚，横竖看不出他有参加红巾军的诚意，就怀疑他是元军派来的奸细，就使人到城下，不说任何理由，押到郭元帅帐前，请令问斩。

不得不承认，郭子兴尽管性直、枭悍，但依然不失沉稳之风，还算是个细心人。他不急于给令，相反这样说：“待吾瞧他一眼再议。”

他走到门外就见一个和尚虽然被五花大绑着，却毫不畏惧，依然一副轻松、从容的神情，他身材高大，浑身散发着大无畏的精神。两只耳朵大而有轮，两眼炯炯有神，神情特别威武。郭子兴一见就特别喜欢他，后来才知道，他是皇觉寺的和尚，是好友汤和邀他来参加义军的。郭元帅听后非常高兴，忙令人给他松绑，让他做了一名步兵，那一年朱元璋25岁。

这一过程看起来简单，但为朱元璋带来了峰回路转的命运，为他走向成功打开了大门。

一般来说，如果郭子兴不大胆地使用朱元璋，把他杀了，要么赶出濠州城去，就不会有朱和尚的以后，更没有来日明朝的皇帝了。

对朱元璋投奔郭子兴一事，我们应当怎样评价呢？实事求是地说，朱元璋的投军过程有一定的偶然性，但是其投军的决心却非常坚定。在接到朋友的信之后，起初并没有盲从，而是思考了很久，这说明了朱元璋的细心和谨慎，这是一个智者应当具备的基本素质。

对于关系到自己平生的重大转折，年轻的朱元璋对人生中这一完全是由个人独立决定的道路小心计划，是可以理解的。虽然他很年轻，却经常走南闯北，积累了许多处事经验，他能够明白，参加义军非常重要，在悬赏捉拿的威慑下，选择机会上的任何失误都会使他付出最惨重的代价，包括自己的性命。

然而情况忽变，在遭遇出卖、面临生命之虞的情况下，他又一次地表现出了无比果断的素质，毅然去投军。

[制胜秘法]

要做大事，必冒大险，有胆有识、审时度势、发现机遇非常重要；优柔寡断，头脑不明晰，一般会失去重要机遇，同命运的机缘擦肩而过，很难成就大事。正是由于这样的思想，这样的理念，朱元璋抓住了自己人生中最为重要机遇。

制机：

抓住机遇，主动出击

机不可失，时不再来，机会稍纵即逝。因此，在人生的旅途中要善于抓住机遇，并时时主动出击，进而获得成功。西方有一句俗谚：“通往失败的路上，处处是错失的机会。坐待幸运从前门进来的人，往往忽略了从后窗进入的机会。”机会与我们的成败密切相关。对于时机的把握，完全可以决定一个人在事业上能否有所建树。切不可放弃任何一个机会，哪怕这个机会只有万分之一的可能性。要积极地创造机遇，把握机遇，发现机遇，抓住了机遇，也就抓住了成功。

要不断开发新领域

美国“股神”说：“在人人都做的事情上去投资，你是不会发财的。”

战国时的大商人吕不韦，在赵国结识了秦国公子子楚，这个子楚，是秦昭王的孙子，太子安国君的庶子。子楚排行在中，上有兄，下有弟，自己的生母早已失宠。看他的样子，将来怎么也轮不上他当太子。但吕不韦认为很可取，虽然有风险，但做什么生意能没有风险呢？风险与收益是成正比的。

吕不韦就同子楚套近乎，关系慢慢好了起来，然后吕不韦表示愿意出钱帮他运作，为回国创造条件。

后来，吕不韦让子楚讨好其父亲的宠妃华阳夫人，做了她的干儿子。这样，他终于如愿以偿当上了太子，而后又当上了国王。

吕不韦投资的报酬就是：他当上了秦国的相国。这笔买卖比卖珠宝、卖粮食的利润高得多。吕不韦看中的是子楚这件“奇货”的潜力。

公元前258年，秦国兴兵包围了赵国都城邯郸，赵国形势告急。魏国的信陵君同赵国平原君有亲戚关系，他非常想去救赵。在信陵君的劝说下，魏王派大将晋鄙领十万大军援赵。因为受到秦王的恐吓，魏王最终命令晋鄙停止前进，屯兵汤阴。

信陵君心急如焚，可他不是国王，晋鄙的军队也不会听他命令的。这个时候他的谋士侯嬴对他说：“我听说您从前帮魏王的宠妃如姬办过一件事。”

“是啊，这怎么了？”信陵君问。

侯嬴说：“以前如姬的父亲被杀了，如姬悬赏为父亲报仇，三年都没有找到凶手。有一回，如姬因父仇未报向您哭诉，您替他报了仇。如姬异常感激，一直惦记着您的大恩。现在您可以用她一用了，倘若开口请她把魏王的兵符偷出来，她一定会同意。到那时，您就可以假托魏王之命，调兵遣将了。”

信陵君依计而行，果然，如姬二话不说把兵符偷了出来，帮助信陵君完成了救赵的大事。

信陵君能做成这件大事，得益于他以前做的投资。这样的事，不是非同寻常的关系，谁愿意为他办？若不是以前对如姬有大恩，就是他搬出金山也办不成。感情投资是个慢功，不能临时抱佛脚，那样就显得势利了。平时人缘广，口碑好，品行厚，做事情就有良好的基础。

美国联邦调查局前局长胡佛说过：“金钱就像肥料，多撒多有利。”在你的身边经常进行一些感情投资，以后这些种子都会开花结果。

此外，做事情有超前意识，要有眼光，能看出发展趋势。刚开始孙正义投资给雅虎的时候，没人看好互联网这种东西，杨致远只是初生牛犊，雅虎还只是个概念。但孙正义听了杨致远的远景描述，为他们的构想所打动，决定投资给他们。

我们要记住，走别人走过的路，永远发不了大财，成不了大事。

[制胜秘法]

到没人投资的地方去投资要有准确的判断力，有超前意识，能发现机遇。跟在别人屁股后面，只会永远是随从，成不了大事。

抓住机遇扩大规模

历来，那些做大事的人，都是积累有素，厚积而薄发，一旦机会来临，乘势而上。除非动乱之世，人的发展往往打破既定程序，就一般而言，都是从日积月累中成就。曾国藩历来将眼界宏大与小处入手一起讨论，认为二者都很重要。他还特别从历代有作为的帝王和宰相身上，证明他的结论。

曾国藩曾有过这样的精论：

自古成大事者都是从小事着手的。百尺之楼基于平地；千丈之帛，一尺一寸之所积也；万石之钟，一铢一两之所累也。周文王是中国的圣人，但自早晨至中午连吃饭的时间都没有。周公夜以继日，天亮都处理政务。这些圣贤勤劳若此则无小无大，何事怠慢！诸葛亮为相，自杖罪以上，皆亲自临决。杜慧度为政，纤密一如治家。陶侃综理密微，虽竹头木屑都保存起来作为有用之物。朱熹曾说为学须铢积寸累，当官的人也未有不由铢积寸累而能够有所作为的。秦始皇用石来量书，不做完事情不休息；魏明帝自己代行尚书事；隋文帝批文件无暇吃饭，让卫士送餐，这些皆为后世所讥笑，以为天子不应该亲理细事。我认为天子可以不亲细事，作为大臣者，则断不可不亲。汉帝向陈平问钱谷的事，不知；问刑狱的事，尚不知，不可以为人臣效法也。大凡建功立事，一定以亲眼所见者为准，若有车必见其车具，如有衣必见其襟袖。如为广见博闻的君子，必见其著述满家，手稿累筐。

如为躬行实践的君子，必见其面色之兴奋，徒党对他的感慕。若善于治民，必然可以看见其所居之地百姓高兴的地方，离任时老百姓会非常眷恋他。假如善于治军，必见其有战则胜，有攻则取。如果不以目所共见者为依据，而单凭心所揣度者为高，就会把以空虚浅薄为哲理，而轻视务实，以崇尚空泛为贤能，而耻笑勤奋谦谨，不等于邓扬之徒，流风相煽，高心而空腹，尊己而傲物，大事细事，都堕坏于稀里糊涂之中。亲者贤者，都被拒之千里。以此而希望成就大业，亦荒谬吗！孔子许诺仲弓为重要人才，而雍正以居敬为奉行简约之本，都是因为能够勤敬才无废事的。

从小事小行，则大事可成。曾国藩说“泰山不拒土壤，泉水不择细流”就是这个意思。

曾国藩深知人情世故，他认为人一般有两种积习：或者好高骛远，眼高手低，这种人大事做不成，小事不愿做。他形象地称这种人其实是瞽者，来比喻无头苍蝇。还有一种人整日陷于琐事中，只见树木不见森林，缺少远见卓识。在此基础上，他提出“成大事者，目光远大和考虑细密二者缺一不可”的处世韬略。没有长远的志向就会失去进步，但必须按目标一步一步走下去，方有成功的可能。

曾国藩在给他弟弟的信中曾说：“古人能办成大事的人有二条，目光远大与考虑细密二者相统一。弟在考虑细密方面，精力比我强。军队中的器械，比较精良的，应该另立一册，亲自登记，给一个可靠的人，古人用铠甲武装的鲜明作用，有威震敌人显示威风的重要作用，常可取胜，刘峙衡对于火器经常维修保养，对刀矛就全不讲究。我以前派褚景明去河南采购白蜡杆子，又置办腰刀，分别赐予各将领和头目，他们很是喜爱与重视。弟一定留心这件事，这也是细微的一项内容。至于规模宜大，弟也是要讲求的。但讲究宏大的人是极易混入散漫的一路，遇事颟顸，没有条理，就是再大，那又有什么可宝贵的？器量宏大，就没有流弊了，等级不乱，可以长久。”

[制胜秘法]

就办事而言，做事规则最好是规模远大，综理细密。不但要从“大处着眼”，还必须从“小处入手”。办事应当“认真对待小事”，意义也在于此。成就大事，须宏阔与细微兼有，也既要有远大规划，又要从细微处着手。

谋取胜局者可以制定不同阶段的目标，慢慢从一个目标走向一个目标；曾国藩就是这样做的，从弱到强，从小到大，从低到高。人生如若没有这样的锤炼，何谈谋取胜局？

借势成事

容闳是第一位中国留学生，他接受了西方很新的科学文化知识，尤其精通英语，英文论说连获首奖，他的留学经历、交往广度、沟通中西能力是非常难得的。他尽管已经接受了西方的新文化，但是一直抱有强烈的爱国热情，希望凭借自己的能力，让中国走上近代化之道路，摆脱任人欺凌的局面。

所以，毕业之后，容闳就下决心“以西方之学术，灌输中国，使中国日趋富强”。他力图通过西学东渐，让资本主义维新在中国实现，使中国成为富强、文明的近代化国家。

咸丰五年（1855），容闳回到祖国，他要做的第一件事，就是找到有远见的实力派，把自己的新式教育计划付诸实施。

因此他先后从事文秘、译员、经商，希望通过认识商学界名流，打开局面。但是经过八年摸索，依然没有取得成功。谁是他出海的大船呢？

那时候太平天国势力正盛，因为代表新的势力，而且信奉有浓厚基督教色彩的“拜上帝教”，容闳更希望在心灵上得到共鸣。于是他把注意力转到了太平军的领导人身上。

咸丰十年间（1860），容闳亲自访察太平军，希望他所主张的教育计划和改良政治得到赞助。主持国政的干王洪仁玕接见了他。容闳向他提出七项建议，主张在政治、教育、军事、经济诸方面推行近代化进程，并表示“倘采纳予言，愿为马前卒”。

洪仁玕是太平天国中最有思想与近代意识的领导人，也没有采纳他的意见，容闳非常失望。首先他对太平天国表示同情，但他又失望地断言：“太平军的行为，殆无造新中国的能力。”便再也与太平天国无所来往。这时候，有人向他说了正在领导镇压太平军的曾国藩。

同治元年（1862）五月初三，容闳第一次来到曾国藩的幕府，曾国藩会见了他。容闳对曾国藩一见面就佩服万分，感到自己找到了真正的幕主。而曾国藩也为有这样一个人才投奔自己而感到意外的高兴。为了把他留住，曾国藩当时就委以重任，让容闳赴西洋采办机器、兴办工厂、制造船炮与枪械等，从此便拉开洋务运动的序幕。

成功是任何人都梦想的。而从商务运作的实际来看要先投入然后才有产出；有多大的本钱做多大的生意，做大生意要累积更多的资本，也就是说，没有钱办不了事。

大多数人在创业之初，资金都不多，这点资金做小本生意挣小钱还可以，做大生意赚大钱就没办法了。而用小生意来积累资金，那要等许多年以后才能发展成巨富。最好的办法，是用别人的银子，做自己的生意；也可以是借声势，来取得成功。

比尔·盖茨刚开发计算机软件的时候，不为人知。他就是借 IBM 这条大船出海的。

IBM 向来是巨型计算机的"蓝色巨人"，但因为漠视了微机的发展，导致苹果电脑侵入市场。为反击苹果，1979 年，IBM 注重开发微机，为了同苹果争夺市场，IBM 第一次放弃了完全以自主技术来生产计算机的方式，采用现有的市场技术。IBM 为自己的微机选择操作系统与编译程序，开始时找了美国海军研究院计算机教授基尔道，他研制出的微机上第一套操作系统 CP/M 广受欢迎，基尔道乘机索要高价，向 IBM 要每套操作系统 200 美元的权利金。IBM 没有办法，这才转而找到盖茨，虽然盖茨并无开发过微机操作系统的经验，但他马上表示要为 IBM 专门设计一套，要价很低。只希望自己将来还能向其他客户售买稍微修改的操作系统版本，这一要求被认可，IBM 与盖茨欣然签约。聪明的盖茨就近利用西雅图计算机公司的成果，又利用了 IBM 遍布全球的营销力量，为以后成为"世界首富"挖来了第一桶金。这一年，比尔·盖茨 25 岁。

钱是一个人生存的根本与成功的标志，没有谁愿意把钱白送给别人。所以，你须仔细设计你的策略，让对方信赖你，同时也得到利益，让别人心甘情愿地借鸡给你下蛋。

下属借上司的力量来成就事业，也是一种借船出海。很多下属内心有好的工作设想，如果坦诚向上司进言，多半不会有什么好的结果，任何人都会抵触自己反感的事情。

如何是好呢？我们举个例子。小李认为自己推进公司发展的策略很好，他也深知自负且好面子的上司的脾气，为了让自己的策略规划能顺利实施，他想了一个非常的好办法。

当他与上司在一起谈天时，偶尔会提及一点儿促进公司发展的措施，但仅此而已，上司被他提醒，觉得自己“灵光一闪”，便有了办法。

不久上司就开始实施与小李发展策略差不多的计划，当然众人同上司都认为这不是小李的主意。小李并不在乎，有什么关系呢？不管是谁的主意，无所谓，他也不需要夸奖。

于是他用类似的方法让上司实施或向老板汇报了许多对公司有用的点子。上司也觉得小李对自己的计划很明白，一点就透，很多计划还让小李主持完成，公司上下的人夸他办事得力。

小李借上司这只“鸡”，为自己“下蛋”，办成了事，上司也觉得这件事是有自己指挥决策的功劳，同时小李也得到表扬，各有所得，何乐而不为？

[制胜秘法]

一个人若只靠埋头苦干，什么时候才能成功呢？最好的办法是借船出海，用别人的银子，做自己的生意；也就是借别人的声势，做成自己的大事。

强化实力去实现目标

八旗制度的发生和发展，经历了一个很长的时间。它开始于女真氏族的狩猎制度生产组织，《满洲实录》记其起源道：

“前此，如遇行师出猎，不论人之多寡，依照族寨而行。“满洲人出猎开围的时候，各出箭一枝，十人中立一总领，属九人而行，按自己的方向，不许错乱，此总领呼为牛录（汉语大箭）额真（汉语主也），于是以牛录额真为官名。”

牛录，为满语 niru 的对音，是箭和大箭的意思；额真，为满语 ejen 的对音，是主的意思。牛录额真即大箭主，原是狩猎时的十人之长，有很早的来源，后演变而成为官名。随着女真社会生产的发展，牛录组织日益壮大。到女真社会出现阶级分化与阶级对抗之后，牛录不仅是狩猎生产组织，而且衍变成奴隶主贵族发动掠夺战争和进行军事防御的工具。

女真的军事组织，早见于《金史·兵志》载：“金之初年，各部落的农民无他徭役，壮者皆兵，平居则听以佃渔射猎习为劳事，有警则下令部内，及遣使诣诸孛堇征兵，只需步骑之仗糗皆取备焉。”其军事组织形式，“部卒之数，开始没有规定，到太祖即位之二年，就以二千五百破耶律谢十，始命以三百户为谋克，谋克十为猛安。紧接着各个部落都归降，率用猛安、谋克的名义来授其首领而部伍其人”。

建州女真的军事组织，于努尔哈赤六世祖猛哥帖木儿的时候就有了。时其军队分为左军、右军和中军。据朝鲜《李朝世宗实录》记载：“猛哥帖木儿生时，若有兴兵之事，就必使凡察领左军，权豆领右军，自将中军，或分兵与凡察，所以一部之人，素不贱恶。”但是，这段记述太简略，也未见牛录额真的记载。到万历十一年（1583）努尔哈赤起兵，攻克图伦城，“当是时，兵百人，甲十三副”。有关这百人，没有留下任何文字记载。

牛录额真变成官名，最早见诸于《满洲实录》与《清太祖实录》万历十二年（1584）的记载。努尔哈赤起兵已经一年，军队却有五百多人："上率兵五百，征董鄂部主阿海巴颜。"因军队较多，便出现三百人一牛录的军事组织。《清太祖高皇帝实录》载："擢鄂尔果尼、罗科为牛录额真，管辖三百人。"

至此，牛录额真已经不是出师行猎的临时性的十人之长，成为女真的一种官名。牛录不仅是围猎组织，同时也是一种军事组织。

万历十七年（1589），努尔哈赤统一建州女真的战争长达六年之久，随着统治区域的扩大，管辖部民的增多，以及王权的建立，他组建了一支军队。这支军队，在那时候分为四个兵种：环刀军、铁锤军、串赤军与能射军。这仅见于《李朝宣祖实录》，现抄录如下：

"左卫酋长老乙可赤兄弟，以建州卫酋长李以难等为麾下属。老乙可赤则自中称王，其弟则称船将；多造弓矢等物，分其军四运：环刀军，铁锤军，串赤军，能射军。间间练习，胁制群胡。"

老乙可赤也就是努尔哈赤，降建州卫酋长李亦难等，隶之麾下。他多造弓矢，分为四军，练习骑射，严定军纪。四军编制，是后来四旗和八旗的基础。

建州四军的军队数量，《李朝宣祖实录》记载，万历二十年（1592），"奴儿哈赤部下原有马兵三四万，步兵四五万，都精勇惯战"。但这话出自建州贡民马三非等之口，有夸大的可能性。三年后，朝鲜通事河世国到费阿拉，大概目睹："老乙可赤麾下万余名，小乙可赤麾下五千余名，常在城中，而常时习阵千余名，各自骑着战马、着甲，城外练兵。而老乙可赤战马则七百余匹，小乙可赤战马四百余匹，并为考点矣。”这时努尔哈赤已统一建州女真，万历二十四年（1596），明朝官员余希元至费阿拉，入城前，有建州骑兵四五千左右成列随行；又有“步兵万数，分左右列立道旁者，到建州城而止”。以此推算，当时建州的步骑兵大概有二三万人。这些军队，已按旗编制。《满洲实录》在记述万历二十一年（1593）古勒山之役时，作如下记载：

“太祖兵到，立阵于古埒山险要之处，同赫济格城相对。命令各王大臣等各率固山兵，分头预备。”

而《清太祖高皇帝实录》也作了同样记载：

“上至古勒山，对黑济格城，据险结阵。令各旗贝勒大臣，整兵以待。”

由上可知，努尔哈赤早已将建州士兵编成各旗，而且很早以前就有军旗。万历二十四年（1596），朝鲜人申忠一到费阿拉，所见建州军旗：

“旗用青、赤、黄、黑、白，各付二幅，长可二尺有余。”

努尔哈赤始设四旗一事，清朝有的史籍记于万历二十九年（1601）。根据《清太祖高皇帝实录》所载：

“上以诸国徕服人众，复编三百人为一牛录，每牛录设额真一。开始，我国凡出兵校猎，各随族党屯寨而行。猎时，每人各取一枝箭，凡十人，设长一，领之，各分队伍，毋敢紊乱者。其长称牛录额真。至是，遂以名官。”事实上，努尔哈赤于这一年对建州军队进行了一次整编。他“复编三百人为一牛录”，每牛录设额真一员，以黄、白、红、蓝四色为旗的标志。这种划分，为以后八旗制度的确立奠定了基础。

万历四十三年（1615）十一月，努尔哈赤除建州外，已经统一哈达、辉发与乌拉，史载其降俘乌拉卒骑，“不下数万人”；又征抚很多东海女真部民。建州幅员益广，步骑增多，

"归附日众，乃析为八"，除原有四旗，再增设四旗，这样一来共为八旗。

女真社会历史发展同生产关系所产生的特殊社会结构——八旗制度，既有利于其社会生产力的发展，又有利于满族共同体的形成。努尔哈赤通过八旗让分散的女真部民组织起来，管理女真的农业、采集业、畜牧业、渔猎业与手工业生产，提高了女真的社会生产力。同时，随着对瓦尔喀、虎尔哈、卦勒察、萨哈连、蒙古人、达斡尔、汉人等的征服，得到一部人就编为一牛录。努尔哈赤把各部女真人都收录旗下，加速了满族共同体的形成。天命初年，已发展到约四百个牛录。除满洲八旗之外，天启元年或天命六年（1621），开始设蒙古牛录，天启二年或天命七年（1622），最初设蒙古旗，崇祯八年或天聪九年（1635），最初设蒙古八旗，旗色同满洲八旗相同。崇祯四年或天聪五年（1631），努尔哈赤的继承人皇太极将满洲八旗中的汉人拨出，另编一旗。汉军初名乌津超哈，在满语中的意思是重兵，因其多使用大炮等重型武器而得名，后又叫做汉军，以黑色为旗帜。崇祯十年或崇德二年（1637），分设汉军为二旗。崇祯十二年或崇德四年（1637），又增设汉军二旗，旗色为纯皂（黑）、皂镶白、皂镶黄、皂镶红。崇祯十五年或崇德七年（1642），汉军扩充为八旗，旗色改为同满洲八旗、蒙古八旗相同，取消了黑色。自此，实际有蒙古八旗、满洲八旗、汉军八旗，共二十四旗，但习惯上依然称之为八旗。

努尔哈赤建立八旗制度，作为总的纲领，把女真社会的行政、军事、生产统治起来。女真各部的部民，被按军事方式，分为三级，加以编制。努尔哈赤采用军事方法管理行政、管理经济，让女真社会军事化。所以，在努尔哈赤统治时期，全部女真社会就是一座大兵营。这一点，也正是努尔哈赤统治时期女真社会的一个重要标志。努尔哈赤以八旗作纽带，把涣散的女真各部联结起来，形成一个组织严密的、生气勃勃的社会整体，在那个时候是有积极意义的。这正是他崛起东北地区，统一女真各部，实施社会改革与屡败明朝军队的重要原因之一。

[制胜秘法]

不放弃自己的目标而去大力实施就会取得成功。努尔哈赤创建八旗制度，是我国满族发展史上一件大事，也是他的一大功绩，可谓大手笔。

从根本上解决问题

扬汤止沸，不如釜底抽薪。处理问题要彻底。但你必须保证抽出来的“薪”能够把自己的火烧得更旺，否则，听任这些“薪”堵塞自己的炉灶，只冒烟不冒火呛坏了自己，那才是糟糕之极。

《吕氏春秋》中说：“夫以汤止沸，沸愈不止，去其火，则止矣。”告诉我们在解决问题时，要注重消除引起问题的根本原因。

西汉高祖二年（前205），汉王刘邦与楚王项羽大战于彭城，却失败了。刘邦问属下：“谁能为我去一趟淮南，让九江王黥布发兵叛楚，把项羽留在齐地数月，我便有把握取天下。”随何说：“我愿意出使淮南。”于是随何同二十余人一起去淮南。

到淮南，九江王黥布三日不见，随何反复劝说，分析其中的利害。他说："大王发兵叛楚，项羽必然留在东南之地，那么汉王刘邦夺取天下势在必得。所以我请求大王仗剑归汉王，汉王一定会割地分封大王，这样淮南一定会归大王所有。所以，汉王派我来进此愚计，希望大王稍加留意。"黥布终于同意了。黥布叛楚，等于从后面牵制了项羽，刘邦的危机解决了。

随何说服黥布反水，便是釜底抽薪的一招。这一招在商战中也常常使用。20 世纪 90 年代末，长虹买断中国 70% 彩色显像管，便是典型的例子。

从 1996 年开始，市场彩电价格大战拼得如火如荼，使得彩电整机价格节节败落。在整个彩电零部件中，显像管占成本的 70% 左右，整机价格下降，显像管首当其冲。在这种情形下，长虹凭借雄厚的资金与良好的商誉作后盾，从 1998 年下半年开始，大量吸纳彩色显像管。正因为如此，当长虹彩电旺季时，各厂家却彩管明显供不应求，甚至出现停产现象，因此，长虹一举奠定了行业霸主地位。

长虹有非常的预见性。试想，倘若它的伏军无法卡在"敌人"的必经之道，那它的决策成本将会是怎样的高？实际上，长虹的做法当时确实引起了竞争对手的集体恐慌，甚至只能请政府的"有形的手"出面干涉。只可惜，长虹的"釜底抽薪"虽然厉害，而中国彩电行业毕竟也非长虹一家天下，而且技术要求不高，使长虹并没掌握见血封喉的独门暗器。与之相反，彩电行业进一步竞相杀价竞争时，长虹反而要承受着彩管大量库存的痛苦，正是如此，2000 年，彩电大鳄长虹首次报亏。

［制胜秘法］

如果想成功地“釜底抽薪”，应该注意以下几点：一是“薪”必须是敌人的重要资源，是其发展的瓶颈。二是自己必须有一定的实力，使自己能将敌人的“薪”抽尽，而自己不会提前垮掉。你必须保证抽出来的这些“薪”能够把自己灶中的火烧得更旺，不然，听任这些“薪”堵塞自己的炉灶，变得只冒烟，不出火，呛坏了自己，只会使自己后悔。

随机应变，巧中取胜

综观曾国藩一生的思想倾向，他是以儒为本，杂以百家。上述各家思想，几乎在他每个时期都有体现。但是，随着形势、处境与地位的变化，各家学说在他思想中体现的强弱程度又有所不同，这正体现出曾国藩善于运用各家学说的“权变”之术。

曾国藩的同乡好友欧阳兆熊以前觉得，曾国藩的思想一生有三变。以前在京城时信奉儒家，治理湘军、镇压太平天国时用法家，晚年功成名就后则转向了老庄的道家。这便是曾国藩一生三个时期的重要思想特点。

为官期间打下了扎实的儒学功底。他用程朱理学这块敲门砖敲开了做官的大门之后，并没有把它丢在一边，而是对它进行了深入研究。在新的环境里，他得到了唐鉴、倭仁等理学大师的点拨，登堂入室，便又走向了一个新的境界。他不仅对理学伦理纲常名教和封建统治秩序的一整套伦理哲学（如性、命、理、诚、格物致知等概念），有了深入的认识与理解，而且还进行了理学所重视的身心修养的系统训练。这种身心修养在儒家是一种“内圣”的功夫，通过这种克己的“内圣”功夫，来平定天下。他还发挥了儒家的“外王”之道，主张经世致用。唐鉴曾对他说，经济，就是经世致用包括在义理之中，曾国藩完全同意，并大大地加以发挥。他非常注重对现实问题的考察，重视研究解决的办法，提出了很多改革措施。曾国藩对儒学，特别是深入探索程朱理学，是他这个时期的重要思想内涵，而对于这一套方法、理论的运用，便贯穿于他的一生。

太平天国时期，曾国藩临危受命，组织湘军镇压农民起义。此时，非常鲜明地体现出他对法家思想的推崇。他提出要“纯用重典”，采取强硬的手段镇压。而且，他还向朝廷表示，就算由此而得残忍严酷之名，他也在所不惜。他的确也是这样做的，他设立审案局，对所捕农民严刑拷打，任意杀戮。他还规定，不完粮者，一经抓获，就地正法。在他看来，儒家的“中庸”之道，是不适用于这个关键时期的。

曾国藩的老庄思想，自始至终都具备。他常表示，在名利方面，须存退让之心。当太平天国败局已定，马上大功告成之时，这种思想日渐加强，一种兔死狗烹的危机感时常萦绕在心头。他写信给弟弟说，从古至今，权高名重之人没有几个能够善终，要将权位推让几成，才能保持晚节，天京攻陷之后，曾国藩便马上遣散湘军，并做功成身退的打算，以免除清政府的疑忌。

三个时期不同的思想，说明曾国藩善于在不同的处境中，从诸子百家中吸取养分。容闳说，曾国藩是“旧教育中之特产之物”。的确在曾国藩身上，熔铸了中国传统文化的各种基因，正是这些基因，让曾国藩成了封建社会的“三不朽”人物与最后一个精神偶像。

关于曾国藩处世态度从刚至柔有一个重要的过程。这个过程就发生在1858年。曾国藩初出治军，严刑苛刻，手段非常刻薄，从他杀李金阳事件看得出他的残酷无情，且同疆帅多相忤。然自1858年再起，大存放变。这一变化过程有记载说：

……先是文正（曾国藩）同胡文忠（胡林翼）书，言恪靖（骆秉璋）遇事掣肘，哆口谩骂，有劝效王小二过年再不开口之语。至八年夺情再起援浙，甫到省，有“敬胜怠，义胜欲，知其雄，守其雌”十二字，属恪靖为书纂联以见意，同以前一样要好，不念旧恶。这次出山后，以柔道行之，以致成功，毫无沾沾自喜之色。尝戏谓予曰：“他日有为吾做墓志者，铭文吾已撰：不信书，信运气，公之言，告万世。”故予挽联中有“将汗马勋名，问牛相业，都比作秕糠尘垢”数语，自谓道得出此老心事。盖尝言以禹墨为体，以老庄之术为用，可知其所趋向也。

曾国藩如何变得“柔顺”了呢？有人认为罗汝怀的劝勉最有影响。当曾氏丁父忧请假于家时，汝怀寄以书，以尚平实不争权相劝。其书略云：

独识阁下为奇士，所见四方之士无出其右者，为何？天下为平实坚术之人可以干事，军务特别如此。阁下无大僚尊贵的习惯，行履部伍，亲自把接细节。庶几大禹之栉风沐雨，手胼足胝，故能船炮坚利，壁垒坚固。也就是粪厕亦有方隔，所谓道去屎溺，这不是高谈阔论不知而作者所能望见也，乃复温乎其容，抑然自下，慕好贤之雅，循周咨之节，日冀奇士之至于前，然而战胜城弗克，饷弗给，奇士无如何也。我本来就很奇怪，斯不免太奇之病矣。夫救乏自古无奇策，况在今日糈饷之匮。然生财之道，未尝无良法，尤贵有关意。鄙谚曰："官出于民，而民出于土地。"其折拨捐抽之法，要在使民无怨，且使官无怨，财源无窒塞之患。使民无怨，阁下所知而以为美谈者也；让官无怨，则阁下所不知而以为口说者也。惟其然也，所以折漕自我，拨漕自我，捐资抽税都欲自我，而不复有人之见存焉。虽军务者阁下之专司，而民者疆吏之职守，各持其是，按一个地方也一样。阁下军政必自己操，大权未尝旁落，而欲兼掌一方土地人民之事，若圣人之设官分职，官事无摄者非乎？

罗汝怀之书，把曾国藩苛求及垄断权力之病，说得入木三分。曾国藩能虚怀而接受之，其1858年以后之立身行事也深受其影响。若将1854年因与王鑫不惬而不救其败事，与1864年同左宗棠绝交后仍能助其成大功于西北二事相比，就可见曾国藩之待人接物，前后判若两人。

世谓曾国藩以禹墨为体，老庄为用，其至曾国藩在1858年以前以禹墨为体，申韩为用。1858年以后，开始趋向巽顺。如果将曾国藩的一生处世也按三个阶段来看，此各有其特点，第一阶段，为奋发向上的时期；第二阶段，为规划经营，功德圆满之时；第三阶段，为自主自抑，持盈保泰，不在胜人处求强的和平时期。民国的何贻焜说：

曾公之三个时期来说，则早年生活，如同朝日，气象蓬勃。无论情感意志，学问德行，都有蒸蒸日上之势。及至中年，则如白日中天，盛极一时，无论事业文章，道德学问，都已渐臻成熟，蔑以复加。洎乎晚年，好像斜阳晚照，好景无多，虽德量愈醇，让人仰慕，志气事功，也少替矣。

可见曾国藩的处世，不仅是一生三变，甚至可说是一生多变。

有的时候坚持，是不明智之举。谋取胜局者都有一个特点：随机应变，巧中取胜。曾国藩一生经过三次大调整，不停地改变谋略，故终于谋取胜局。

[制胜秘法]

随机应变，是获取成功的关键。曾国藩的处世之道，事实上是一种灵活辩证的处世态度和方法。虽然他处世中勤于功名，以儒家思想为核心，坚守仁义道德，而在做事为人的"形"上却是一生三变。正是这"三变"，包含了人们对他的评价。但无论如何，没有这适时的"三变"，便不会有他的更大成功与显赫声名。

要把握住关键性的机遇

左宗棠的人生关键点是于1861年与太平军的江西鏖战。当时太平军于鄱阳湖一带大败曾国藩，逼得曾国藩差点要自杀，幸亏左宗棠以寡敌众，同太平军死拼，才挽回败局。曾国藩对他格外器重，并向朝廷请功。自此受到清廷重视，打下了通向胜利的通道。

刚开始，曾国藩任命左宗棠经营楚军。咸丰十年

(1860)，当他苦心经营，把楚军组建得具有一定规模的时候，太平军的战略动向也有所变化，使清政府忙于应付，特别是石达开率太平军一支奔向了关中四川，如果占有，那里可以说是坚如壁垒，再加以铲除就不是很容易的事了。清政府对此已有所察觉，于是清廷打算调派左宗棠督办四川军务，率楚军从湖南到四川。

曾国藩得知这一情况后，很害怕左宗棠去就“督办”的高位而不能随他“襄办”军务，从而削弱湘军对安庆乃至南京的攻势。事实上左宗棠也不愿入川作战，而想集中主要精力对付太平天国苏、皖根据地。他向曾国藩、胡林翼表示：“我志在乎吴，不在入蜀矣。”于是，清廷便派湖南巡抚骆秉璋督办四川军务。左宗棠则率领楚军向江西开进，是为左宗棠第一次率领军队出省作战。

在左宗棠入赣前后，太平天国在痛歼清军江南大营之后进行了东征和西征，不久，就在苏南与皖南战场节节胜利。咸丰十年（1860）八九月间，杨辅清、李世贤等部太平军相继攻占宁国、绩溪、徽州、休宁等地，在祁门东线直取曾国藩大营。曾国藩调左宗棠军从南昌东进驰援，左宗棠带领楚军去抵赣东北的景德镇。

左宗棠驻军景德镇之后，在当年的十一月初主动出击，攻占德兴与安徽婺源（今属江西省）两地，旋因太平军进攻景德镇而回师。对左宗棠而言，景德镇“为江西省前门，涤公祁门后户，万一有所闪失，不堪设想”。同样，太平军进军赣北，意图也在控制这一地区，以断皖南曾国藩湘军对外联系与粮饷供应的通道。于是，两方在景德镇一带展开了激战。

李远、黄文金率太平军分兵五路进攻景德镇，分头进攻浮梁。左宗棠于景德镇布置防御，击退太平军。曾国藩又调派鲍超从皖南赴赣北，增援左军。左宗棠和鲍超向太平军发动反击，黄文金难以抵挡，第二天退至彭泽和皖南建德。左宗棠又派楚军协助鲍超军加紧追击，攻取彭泽、建德。黄文金部太平军损失惨重，只好退守芜湖，无法参与皖南、赣北战事。黄文金首攻景德镇败退后不久，李世贤部太平军从安徽休宁攻占婺源，分兵进攻浮梁与景德镇。左宗棠派王开琳带领“老湘营”出景德镇防守。太平军开始失利，随后李世贤亲率大军向西挺进，王开琳败退景德镇。曾国藩急调皖南镇总兵率部由建德移防景德镇，率军反攻鄱阳。李世贤向景德镇发动猛攻，全歼守将陈大富一军，太平军成功夺取景德镇。左宗棠害怕被太平军所歼，逃至乐平。李世贤回师皖南，预备再次攻打祁门。

景德镇落在太平军手中，让曾国藩祁门大营断了粮草来源。曾国藩亲率湘军从祁门抵达休宁，想趁机攻取徽州，开通去往浙江的通道，结果被太平军打得大败，逃回祁门。曾国藩在绝望之际，写下遗嘱交待后事，坐以待毙。正在这时候，左宗棠于乐平击败太平军。曾国藩绝处逢生。

左宗棠在景德镇之战败退至乐平后，经过休整，乘胜出击，于乐平的桃岭、塔前大败太平军。正在向祁门进军的李世贤得知左宗棠卷土重来的消息时，转调军队向乐平发动进攻。左宗棠凭借着乐平背山面河的有利地形，督兵三路在第二天大败太平军，竟以六七千人将号称十万之众的李世贤大军击退。李世贤被迫撤向东面，由赣北进入浙西。左宗棠乘势占领景德镇等地。

祁门的后路又得以巩固，曾国藩大喜，他向清廷上奏夸奖左宗棠“以数千新集之众，破十倍凶悍之贼，因地利以审敌情，蓄机势以作士气，是一个深知将领谋略，度越时贤”。

曾国藩还在家书中说："凡祁门之后路，一律肃清，余方欣欣有喜色，以为可高枕无忧。"

清廷依据曾国藩的奏请，立刻把左宗棠由襄办军务而改为帮办军务，紧接着又授左宗棠为太常寺卿，官居正三品。至此，左宗棠可以说是在清廷站稳了脚跟，顺风顺水了。

左宗棠的崛起有很多原因，首先他个人有超常能力，其次他赶上了当时时势危急的用人之际，第三是曾国藩的赏识与举荐。他第一次统率军队作战，就表现出才干与拼劲，为自己赢得了喝彩。

[制胜秘法]

当机会到来的时候，一定要使出浑身招数，全力以赴，去做好事情。十年磨一剑，不就是等待这一刻吗？此时不搏，更待何时？

人生很漫长，但机遇并不是任何时候都会出现。所以，当机会到来的时候，一定要把握住。人生的关键往往只有几步，走好这几步，大局即定。

果断决策，抢先一步

晋惠帝时期，齐王司马冏发兵诛讨篡夺皇位的赵王司马伦。郗隆这个时候身为扬州刺史，接到齐王发来的檄文，深感为难，因为他要考虑自己亲人的安全：他的侄儿郗鉴即为司马伦的属下，他的子女俱在洛京，司马伦若得知他率兵助齐王，毫无疑问会对他们下毒手；但他如果对齐王的檄文无动于衷，齐王一旦得势，也会给他扣上一顶逆党的帽子加以处置，所以他不知道该如何是好。

他甚至没有多少时间用来深思熟虑，他帐下那些来自中原的军人听到齐王诛讨司马伦的消息非常高兴，早已按捺不住，跃跃欲试。

主簿赵诱为他献上三条对策，第一是率众亲赴京师（上策），第二是派精兵猛将相助齐王（中策），下策就是做出即将派兵声讨司马伦的姿态，实则观望形势，按兵不动。

郗隆帐下别驾顾彦以为赵诱所谓的下策实为上上之策，劝郗隆不必插手，坐观成败。可是也有下属认为诛讨司马伦为人心所向，只适合速发檄文，快遣精兵，助齐王一举荡灭篡逆，若犹豫不决，大祸很快便临头了。郗隆在这个关键时刻，不知采纳何建议为好，决定暂时不发檄文，静观形势再定。

那些想效力齐王的军人焦急万分，纷纷私出军营转投到宁远将军王邃麾下。郗隆严厉禁止，触犯众怒，一些将士便串通王邃，连夜袭击郗隆，郗隆父子全部被害。

郗隆原本是有时间采取措施自救的，可他消极观望，丧失了时机。

李世民同他的兄弟争夺帝位，斗争也是残酷的。那时，太子李建成与齐王李元吉妒忌李世民功高，多次谋害李世民，情况非常紧急。李世民率长孙无忌等人在玄武门设下埋伏，诛杀了二王。二王死后，李世民连忙安慰二王的部将，只要投降就保证性命安全，愿意归附者一律保持原职不动。大多数人弃戈投降，独有薛万彻不肯归附，带着少数人冲杀。李世民命人放他一条生路，让他奔终南山去了。

李世民若不抢先一步，太子李建成很快便会采取行动，到那时谁胜谁败就很难说了。果断做事，很多时候就是同时间赛跑，抢先一步。

权力场上的斗争是残酷的，李世民兄弟不惜相残。生意上的斗争也是残酷的，失去先机可能会导致决定性的失败。

[制胜秘法]

在形势紧急的时候，不要刻意追求完美，要善于把握机会。形势发展变化太迅速，容不得你考虑得非常周全，你考虑周全了，可自己却已经落后了。

直面运气的偶然性

虽然我们不相信一切都是命运规定好了的，但是我们又不得不相信，有时我们的决策能否成功是带有一些偶然性的，也会有一点的运气，这在赌博与买彩票上表现得特别明显。假如一个完全不懂得该怎么赌博的人，参加了一场他自己并不知道怎么回事的赌博游戏，在第一盘中他用 5 元钱赢得了 100 万。你不觉得这个结果很荒谬吗？显然你会认为这个结果是有可能出现的。也许你会为一个拥有很多大牌明星的球队败给一个烂得不行的球队而惊愕不已，但是你却能容忍赌场上发生这样的事，这是为什么呢？其实原因只不过是赌场更让我们相信有运气的存在。

好与坏都是相互的。世事是多变的，我们有时是要借助些运气的。不过，强者赢的次数通常会比弱者更多，这就是激励我们努力寻找优势策略的动力，尽管有运气的存在，却不会让我们因此懈怠下来听从天命，因为我们相信多数情况下，我们的选择还是能带给我们好处的。

司马懿死里逃生，最后诸葛亮为收复中原、匡扶蜀汉，多次北伐。公元234年，诸葛亮经充分准备后发动十万大军进行了一次北伐，并派使者到东吴约孙权一同发起攻势，南北策应，使魏国两面受敌。

蜀军与司马懿对阵于渭水之上，多次接触后，有负有胜，战事进入了相持阶段。司马懿的一贯战略是守，他明白蜀军劳师远征，补给线太长，利在速战，便深沟高垒，任凭蜀军怎么叫阵都坚守不出。

诸葛亮经过了几次后勤不济的教训，这次便有所防备。他研制了一种木牛流马，克服了运输不便，又实行屯田政策，让军士就地种粮，作为久驻之计。

司马懿得到报告后大惊道："我所以坚守不出，就因彼粮草不济，想让他们自生自毙，今用此法，显为长久之计，不想退走了。"于是派兵抢得几部木牛流马来仿制，但是因为没有获悉木牛流马的奥妙及使用方法，吃了很多亏，反而被蜀军劫取了不少的粮草，于是干脆又挂起免战牌，任蜀军辱骂挑战就是闭门不出。

诸葛亮见司马懿不出战，便定计在埋伏地雷及引火之物、葫芦谷顶搭建草房、化整为零上，令军士四散屯田引诱魏兵。司马懿接连抓了一批蜀兵，得知诸葛亮不驻在祁山，而在葫芦谷下寨安营。司马懿见机会来了，便发兵前去劫营。

事实上诸葛亮是驻在祁山的，远观见魏军行动，猜定他们一定会攻祁山，司马懿本人则亲自攻打葫芦谷，便教魏延如此这般。

的确，魏军攻祁山是声东击西，司马懿与儿子司马师、司马昭并中军护卫人马杀奔葫芦谷而来。碰上魏延，厮杀一阵，魏延拔腿就逃，司马懿从后追上，这样一进一退，直把司马懿引进葫芦谷。司马懿派人探知谷中并无伏兵，山上都是粮房，遂大驱军士进入谷底。

可是，不久魏延便消失了，粮房上又布满了干柴，司马懿心知中计，正想下令退兵，但说时迟，那时快，猛地听到一声叫喊，山上一齐丢下火把，烧断谷口，引起地雷齐响，草房着火，黑烟冲天。司马懿手足无措，下马抱住二子大哭："我父子三人都死在这个地方。"

恰巧在这个时候，忽然下起一场滂沱大雨，狂风大作，谷中之火尽都熄灭，司马懿以手加额说："此天公未亡我，不乘机逃出，更待何时？"于是趁机率领大军冲出葫芦谷，暗自庆幸能够生还。

孔明计谋胜人一筹，用一系列假象让司马懿步步陷入敌坑，引诱司马懿做出错误的决策。司马懿则根据所掌握的信息，做出自以为是很好的决策，于是司马懿被魏延引入到一个深谷之中。司马懿一进谷中就发现自己被骗了，可谷中顿时火起，谷顶、谷口也都被火堵住了。事到如今，司马懿原本在这场博弈中已经是输定了的，甚至要赔上自己的性命，但是天不亡他，正在此时，一阵大雨浇灭了大火。

孔明在出此计策之时一定已经考虑到天气，但是就算在今天都无法完全精确地预料到未来的天气，孔明又怎么会知道呢？无论如何，孔明的决策已经是非常的高明了，而无奈司马懿运气降临，最后自己精心准备的计谋就如此被大雨所破，能说不是天意吗？

南北朝之际，梁武帝萧衍原本很有作为，但晚年信佛。尽管如此，他也还没有忘记要统一中原。那时候在西魏、后梁、东魏三国中，后两个除了能凭借江南的江河天险据守之外，在力量上是最弱的，但梁武帝并不力图率军北伐、振兴实力，而是继续信佛、广造寺庙，只是时常派一些人过江去游说东魏镇守中原地区的大将侯景，想借助侯景的力量来夺取中原。

侯景是东魏高欢手下一名老将，他同高欢是同乡，位高权重，十几年来东魏黄河以南的地区一直都是他统辖，奠定了强实的基础。高欢名义上是东魏的丞相，实际上是东魏事实上的君主，这个人极会用人识人，上下都很服他。侯景虽然野心勃勃，但他亦能为高欢所用。高欢一去世，儿子高澄继位，侯景便拥兵割据河南，想分立，以为高澄小子对他无可奈何。哪知高欢早已获知在他去世之后侯景会造反，要高澄在他死后起用一个叫慕容绍宗的人，说此人是侯景的“克星”，非常熟悉、了解侯景的性格特点与军事战略、战术特征。以前高欢一直不用慕容绍宗是他想让高澄来提拔重用他，使他能一心一意地为高澄卖力。的确，高欢一死侯景就起来反抗，高澄便任命慕容绍宗为帅统兵征讨侯景。在决战中，侯景失败，只得退回自己的辖区。

侯景为了能够获得梁朝的支持，就让使者到梁朝上表，表示要率他所管辖的 13 个州来归降。接不接受侯景？梁武帝召集群臣商量。有的大臣劝谏梁武帝万万不能接受侯景，说道：“侯景是个反复无常的人，根据历史的教训，江山易改本性难移。侯景在高欢死后坟土未干就反叛高氏，只是因为叛逆的力量不足才逃奔西魏，宇文泰没有收容他才投靠我们梁朝。说不定某一天他便叛我梁朝。”但是梁武帝不信，想借他来对抗东魏，最终还是接纳了他，这就为梁朝种下了祸乱的种子。

东魏明知侯景的为人，想故意挑拨侯景同梁朝的关系，所以多次派遣使者同梁朝修好。有大臣对梁武帝说：“东魏同侯景之间必须做出选择，如今让侯景归附，又要同东魏和好，侯景必定会疑虑不安，一定会有所不轨。这样的话，若陛下真的要与东魏修好，首先就要控制住侯景；如果陛下打定主意要利用侯景，就只能拒绝东魏，二者没有调和的余地。”但梁武帝不听大臣的劝告，他希望两者皆得。

侯景明白东魏同梁武帝通好的图谋，频繁上书给梁武帝说绝不能同东魏和好，“今陛下复同高氏联合使臣何地自处！”他的不悦表现出来了。侯景开始蓄粮聚众，厉兵秣马。梁武帝又心存侥幸，以为可以和东魏恢复旧好，又不会激怒侯景。他在答应同东魏修好的同时好言安抚侯景，说梁朝会留下他。

侯景很狡诈，他为了试探一下梁武帝是否在任何情况下都不会抛弃他，便伪造了一封来自东魏的书信，说要拿所俘的梁朝将领交换侯景。梁武帝不知真假，信以为真，立刻答应拿侯景交换被俘的梁朝将领。于是。公元 548 年，侯景带兵过长江，直逼梁朝京城建康，围困梁朝皇宫一年多时间，把这个长年吃斋念佛的梁武帝活活饿死。侯景又杀了傀儡皇帝简文帝，花了四年的时间攻打梁，使梁朝元气大伤，不久就改朝换代了。

梁武帝非常喜欢投机取巧，但是也不要太看轻了像梁武帝这样的投机分子，有时上帝是特别照顾他们的。晚年的梁武帝虽然一心向佛，依然惦记着统一的事，于是他就静等时机，果然竟让他碰上了侯景这个野心家。侯景手握重兵，镇守要地，这是他有野心的资本；高欢病逝，年轻小皇帝登位，这是侯景成全野心之时；再加上一个西魏宇文泰拒绝接受侯景这样的奸诈之徒，这一切成全了梁武帝的统一梦，梁武帝在获得侯景的 13 州的时候，心里一定在感谢佛祖。

[制胜秘法]

运气是偶然的，不要以为上帝永远在你身边。

所谓的运气事实上只是小概率的另一种说法罢了，只是因为它发生的概率太小，我们不曾想到它会在意外的时刻光临，所以我们只能说是造化捉弄人。

错过时机就不要轻举妄动

李密归唐后又想反唐。可他忘了，这个时候再另立山头为时已晚，时机不再，他实在没有太多的资本。“权力欲”太盛，会引火上身。权力欲超出了自己的实际能力，可能是个悲剧。

魏公李密被王世充击败后，归付唐高祖李渊。他对部下说：“我曾带兵百万归唐，主上肯定会给我安排要职的。”可是，李密归唐后，李渊只是让他做光禄卿、上柱国，封他为邢国公，都是些虚职，他很是失望。

朝中很多大臣都看不起他，一些掌权的人还向他索贿，也使他内心不满。自视甚高的李密怎么能忍受这种境遇？他的理想是做王，可是在人手底下，这怎么可能呢？

他的铁杆追随者王伯当与他谈及归唐后的感觉时，也颇有同感。他对李密说：“天下之事仍在魏公的掌握之中。东海公在黎阳，襄阳公在罗口，而河南兵马屈指可数。魏公不可以长久待在这里。”

王伯当的话正中李密的下怀，李密便想出了一个计策。这日，李密向李渊献策说：“山东的兵马都是臣的旧部，请派臣前去招抚，以讨伐东都的王世充。”

李渊马上批准了李密的请求。许多大臣劝李渊说："李密这人狡猾而好反复，陛下派他去山东，如同放虎归山一样。他肯定会割据一方，不会回来了。"

李渊笑着回答道："李密就算叛离，也不值得我们可惜。他与王世充水火不容，他们两虎争斗，我们正好可以坐收渔人之利。"

李密请求让过去的宠臣贾闰甫与他同行，李渊不仅同意，还让王伯当做李密的副手。临别时，李渊设宴送行，他和李密等人传喝一杯酒，李渊说："我们同饮这杯酒，表明我们同一条心。有人不让你们去山东，朕真心待你们，相信你们会不负朕望。"

唐高祖武德元年（618）十二月，李渊让李密出关。长史张宝德也在出征人员的名单中。他发觉了李密的反意，怕李密逃亡会连累自己，便秘密上书李渊，说李密一定会反叛。李渊收到张宝德的奏章，才后悔让李密出关。但他又担心惊动李密，便马上派使者传他的命令，让李密的部下慢慢行进，李密单骑回朝受命。

李密对手下的贾闰甫说："主上以前说有人不让我去山东，看来这话起了作用了。我若回去，肯定被杀。与其被杀掉，不如进攻桃林县，夺兵马北渡黄河。若我们能够到达黎阳，与徐世勣会合，大事肯定成功。"

贾闰甫说："主上待明公不错，明公既然已经归顺大唐，为何又生异心呢？退一步说，就算我们攻下桃林，又能成什么气候呢？依我看，明公应该返回长安，表明本来就毫无异心，流言自然就不起作用了。若再去山东，不妨从长计议，再找机会。"

李密听贾闰甫的话不顺耳，非常生气地说："朝廷不给我割地封王，我难以忍受。主上据关中，山东就是我的。上天给我的怎能不要，反而拱手让人？贾公一直是我的心腹，如今怎么不同我一条心了呢？”

贾闰甫流着眼泪回答道：“明公杀了司徒翟让，山东人都以为明公忘恩负义，谁还愿意把军队交给明公呢？我如果不是承蒙明公的厚恩，怎么肯这样直言不讳呢？只要明公安然无恙，我死而无憾！”

李密听了怒火中烧，举刀就砍向贾闰甫。王伯当等人苦苦劝谏，李密才住了手。贾闰甫侥幸不死，就逃往熊州去了。当时王伯当也劝李密作罢，李密仍然不听。于是王伯当说：“义士的志向是不会因为存亡而改变的，明公一定要起兵反唐，我将与明公同生共死，即使到头来竹篮打水一场空。”

于是，李密杀了朝廷的使者。次日凌晨，夺取了桃林县城。

李渊知道后，派兵攻打李密。在熊耳山，李密遭到埋伏，他与王伯当在混战中都被杀死。

李密是个野心家，他本来是跟随杨玄感反隋的，后来兵败投奔了翟让的瓦岗军，为取得瓦岗军的领导权，他设计杀了翟让，拥兵百万，大权独揽。同洛阳的王世充作战失利后，李密带了两万多人投降李渊，他手下的魏征、徐世勣等人都可以甘当人臣，可他不甘心，因为他自视甚高，当王的心思重。而且他坚信李家坐天下的说法指的是他，而不是李渊。

归顺唐朝以后，就应该摆正自己的位置，适应自己的角色。可是，他的权力欲太强，让他做出了错误的判断，不适时地企图“另立中央”，终于招致杀身之祸。

李密归唐之后感觉不得志，又企图出来单干，万万想不到，这个时候的时机不合适，大唐当时平定天下的趋势已很明显，天下已定，李密这时候另立山头的时机已失。再者，李密杀了翟让之后，让很多人冷了心，尽失人心。不占天时，不占人和，怎么能成事呢？

[制胜秘法]

不能审时度势，时机已失，就不要轻举妄动。反之，一着棋走错，以下步步错。

把握时机，敢于决策

“谋董卓曹操献刀”是三国时期非常动人的故事。在这里，曹操就体现了一种审时度势，随机应变，化险为夷的能力。汉灵帝死后，董卓专政，文武百官非常不满。当时任骁骑校尉的曹操，勇于从司徒王允那里借来一把宝刀，去刺杀董卓。当曹操身佩宝刀来到相府时，见董卓坐在床上，吕布站在一旁侍卫。片刻，吕布出去牵马，曹操感觉时机已到，正想拔刀刺杀，回头一想，董卓力大，正面刺杀非常困难，于是曹操没有轻举妄动。无奈董卓身宽体胖，不能久坐，便躺在床上，并转身朝着墙壁。曹操见机不可失，急掣宝刀在手，正当要刺，不想董卓仰面看衣镜，正好看见他持刀，急忙回身问道：“你要干什么？”这时吕布已经牵马至门，曹操见大势不妙，急中生智，持刀跪下说：“我有一口宝刀，想献给丞相。”献刀之后，曹操就出门而逃。

做大事就要冒风险。而行动在风险之中，面对突如其来的危机，各种意外的情况，都需要很快做出抉择，改变原来的意图与行动方向，的确有很大的难度。在这种情形下，只有急中生智，顺情变意，方可能化险为夷，转危为安。

随机应变，也就是审时度势，包含了顺水推舟、借题发挥、将计就计之意。持刀行刺，顺势改为跪地“献刀”，这是借物随机。随机应变的奥妙就在于顺从自然，因势、因时、因敌、因情意而灵活变通。随机应变是一种突发性的思维方式，事先不知，事中却能自动地做出快速反应。这种“变”虽然是偶然的，但同样必须借助于日常养成的习惯。这是一种素养，是权诈之术。

任何事情都有难点，亦有特点，把握特点来攻克难点，也是人们能取得成功的一条常用途径。

曹操争夺与使用人才很有一套，很多的事迹为人传诵。“计赚徐庶”一事便是一个生动事例。

徐庶，字元直，同诸葛亮非常要好。其才气同诸葛亮旗鼓相当，刘备在新野时曾得其出谋辅佐，打过几次胜仗。然而，好景不长，因其“为人至孝”，被曹操骗至曹营。

由于徐庶辅佐，刘备节节胜利。曹操问部下是谁为刘备献计。程昱向曹操作了详细汇报。说这个人是颍川徐庶。他从小好学击剑，中平末年，曾经为别人报仇杀过人，披发涂面躲避官府追拿，后来被捉获，一问三不答，被官吏绑在车上游街示众，被同伴解救，逃走更名，至今还叫单福。从此以后更加勤奋好学，遍访名师，经常同司马徽在一起切磋问题。曹操又问程昱：“徐庶的才能比你如何？”程昱说：“强我十倍。”曹操说：“可惜这样的贤士被刘备所得，如何是好？”程昱出了一个主意，说：“徐庶为人至孝，少年丧父，只有老母健在，他的弟弟徐康也死了，老母无人侍养，可把他母亲骗来，令她写信召回儿子，那时徐庶必到。”曹操按程昱说的办法，派人把徐母骗至曹营。然而，徐母不但不为曹操写信，还拿砚台怒打曹操。没有办法，曹操只好派人模仿徐母的笔体给徐庶写了一封信，大意是：我被曹操关禁，只有你来投降，我才能得救，你要速速前来，以全孝首，再从长计议，免遭大祸。徐庶信以为真，遂辞刘备来曹营侍奉老母。最后被老母痛骂一顿，老母自缢梁间。为此，徐庶抱恨终生，心灰意冷，萎靡不振，一身的才气不得施展。

读这段故事，让人惋惜的不是徐庶被骗，再聪明的人也有愚蠢的时候。也不是徐母之死，徐母之死死得其所，流芳千古，令人敬佩。惋惜的是徐庶在家遭不幸以后不能振作！

这一典故很受非议，有人说是曹操奸诈，有人说是曹操爱才，这里面的是非曲直暂且不说，就曹操能够针对事情的特点，把握时机，对症下药，来实现自己的目标，不能不说还是技高一筹。

[制胜秘法]

水无常形，兵无常势。不仅是用兵之法，就连谋生保家，也都贵在随机应变。而随机应变，首先必须得有一种“审时度势”的能力。

审时度势主要是认清主流，明察时机。审时度势是一种认识，运用这种认识的目的是为了“把握时机”。

读者感悟

感悟 1

感悟 2

感悟 3

感悟 4

读者调查表

尊敬的读者：

感谢您购买本册图书，为了今后为您提供更优秀的图书，请您抽出宝贵的时间将您的意见以下表的方式及时联系我们。

姓名		性别	□男 □女	年龄		职业	
E—mail				电话			
传真				通信地址			
1. 您购买本书的理由(可多选)： □封面封底 □价格 □内容提要、前言和目录 □书评广告 □作者名声 □正文内容 □其他							
2. 您对本书的满意度： 版面设计 □很满意 □比较满意 □一般 □较不满意 □不满意 文字编撰 □很满意 □比较满意 □一般 □较不满意 □不满意 封面设计 □很满意 □比较满意 □一般 □较不满意 □不满意							
3. 您最喜欢本书中的哪篇(或章、节)？请说明理由。							
4. 您最不喜欢本书中的哪篇(或章、节)？请说明理由。							
5. 请您指出本书在哪些方面需要进行改进？							